在线开放课程配套教材

国家社科基金后期资 “最新发展趋势研究”转化成果

生态公共艺术

Public Art

王鹤　编著

机 械 工 业 出 版 社

本书是中国大学 MOOC 和智慧树平台在线课程"全球公共艺术设计前沿"和超星尔雅平台在线课程"设计与人文——当代公共艺术"的配套教材，也是国家社科基金后期资助项目"世界范围公共艺术最新发展趋势研究"的转化成果。本书采用案例式教学模式，全书共九章，介绍了生态公共艺术的早期探索、类型、发展趋势，以及相关基础知识和训练，涉及世界范围内五十余个生态公共艺术案例，汇集了近四十份优秀学生作品的创作过程与详细点评。其中，前六章配有章测试，以加深学生对学习内容的掌握，后三章集中进行案例介绍。扫描本书中的二维码，可以直接获取课程视频资源，助力学习。

本书可作为普通高等院校或职业院校公共艺术、环境设计、工业设计、建筑学、城乡规划、自动化等专业的教材，也可作为相关专业从业人员的参考用书。

为方便教学，本书配有二维码资源和电子课件，凡选用本书作为教材的教师均可登录机械工业出版社教育服务网 www.cmpedu.com 下载。此外，也可拨打编辑电话 010-88379934，或加入公共艺术交流 QQ 群 829256533 免费索取。

图书在版编目（CIP）数据

生态公共艺术/王鹤编著. —北京：机械工业出版社，2019.8
（2024.1重印）

在线开放课程配套教材

ISBN 978-7-111-63382-2

Ⅰ.①生… Ⅱ.①王… Ⅲ.①环境设计－艺术－高等学校－教材 Ⅳ.①TU－856

中国版本图书馆CIP数据核字（2019）第163466号

机械工业出版社（北京市百万庄大街22号　邮政编码100037）
策划编辑：陈紫青　责任编辑：陈紫青　舒　宜
责任校对：黄兴伟　封面设计：严娅萍
责任印制：单爱军
北京虎彩文化传播有限公司印刷
2024年1月第1版第2次印刷
210mm×285mm·11.5印张·232千字
标准书号：ISBN 978-7-111-63382-2
定价：59.00元

电话服务　　　　　　　网络服务
客服电话：010-88361066　机 工 官 网：www.cmpbook.com
　　　　　010-88379833　机 工 官 博：weibo.com/cmp1952
　　　　　010-68326294　金 书 网：www.golden-book.com
封底无防伪标均为盗版　机工教育服务网：www.cmpedu.com

二维码视频目录

前　言

公共艺术的生态问题是"设计与人文——当代公共艺术"课程从创立之初就高度关注的问题。从全国范围看，强化大学生的生态意识，并与自身专业结合起来，是通识教育的重中之重。从学生阶段就对这一领域的知识和技能加以训练，正是中国公共艺术领域今后应该努力的方向，只有在思想革新、观念转变、技术进步、财力支持等多方面的积累基础之上才能使公共艺术发展与中国城市发展实现和谐统一，最终造福环境，造福社会。本书结合了编者近年来在生态公共艺术领域的最新研究成果以及具有针对性的课题训练与教学内容改革成果，集中体现了公共艺术教育中"通专融合"的思想。

全书共九章，主要内容如下。

第一章介绍了生态公共艺术的早期探索，使读者对生态公共艺术有个直观认识。

第二章介绍了当代生态公共艺术的三种主要类型：力求以科技解决问题的生态公共艺术、运用原生态材料的生态公共艺术与警示公众注意的生态公共艺术，并配以实际案例，帮助读者树立对生态公共艺术的清晰认知。第七～九章的专题训练基本按这三种类型展开。

第三章结合世界经济、科技、文化发展的大背景，分析了生态公共艺术的发展趋势。

第四章和第五章介绍了生态公共艺术的基础知识，包括生态美学理论及运用，以及现代材料、技术与理论。前者更偏向传统，其中很多内容，包括生态审美价值等，是一以贯之的。后者更偏向现代，其中 LEED 理论、碳纤维材料、压感发电技术等更是与时俱进。两者共同组成课程训练的基础知识部分，为后续基础训练和专题训练奠定了基础。

　　第六章是生态公共艺术基础训练，分别介绍了发现与复制、图像表达、几何美感和像素化等不依赖造型训练的设计方法，重点培养形式美感的把握。这部分内容采取了案例与作业实训同步的方法，帮助读者尽快掌握科学正确的方法与环境调研技能，以便在专题训练中快速进入状态。

　　第七～九章是专题训练，每章分为三节。第一节分别对原生态材料型、警示型和科技型生态公共艺术案例进行解析。考虑到实训环节更应立足中国国情，因此这些案例都来自国内。第二节分别选取了五个相关类型的学生作业，并从生态属性、环境契合度、形式美感、功能便利性和图纸表达等五个方面对其进行点评，以便更好地体现教学成果。第三节结合学生设计案例分别介绍了三种类型生态公共艺术的设计要点，帮助读者避开一些设计盲点，提高设计水平。

　　本书图文并茂、语言精练、内容全面，可作为普通高等院校或职业院校公共艺术、环境设计、工业设计、建筑学、城乡规划、自动化等专业的教材，也可作为相关专业从业人员的参考用书。

　　本书由天津大学王鹤编写。由于生态公共艺术是新兴艺术形式，相关研究不足，书中难免存在疏漏之处，敬请读者批评指正。

编　者

目　录

第一章

赤子之心——
生态公共艺术的早期探索

自从公共艺术作为一种可辨识的艺术形态诞生以来，对环境的关注以及对生态性的追求就成为其最鲜明的特征之一。众多艺术家针对生态观念和低碳材料在公共艺术创作中的运用展开了一系列探索。这些探索类型广泛、规模不一，但总体特征是重视运用具有天然属性的材料，更强调对自然的被动适应而非主动改变。从20世纪70年代起，欧洲、美国、日本等地的艺术家就从不同角度探索了生态公共艺术的建设。

第一节
欧洲生态公共艺术的早期探索

在漫长的农业文明历史中，生态环境问题并不是人类艺术创作的主要题材之一，只是随着工业革命的兴起，伴随经济发展而来的环境问题才引起人们重视。现在所强调的环境问题主要是指生产、生活造成的污染和对资源的滥用。环境问题不但破坏自然的生态平衡，而且影响社会的发展，甚至威胁到人类的生存。因此，要求制作过程无污染、不浪费资源（即循环利用）与自然发展相结合的生态设计理念开始出现在生产、生活的各个领域。从这时起，公共艺术设计才广泛重视生态问题。

欧洲艺术家较早运用天然有机性质的材料是为了通过反讽达到艺术目的。比如，在20世纪70年代兴起的以反对环境污染和恢复生态平衡为创作主张的"生态学美术"（Ecological Art）中，西方艺术家运用包括观念、材料在内的一系列手段唤起公众对生态问题的重视。特别是德国艺术家H.哈克直接利用被污染的莱茵河河水、玻璃与塑料容器等综合材料创作作品，确实对观众的感官与心灵产生了强烈的冲击。但是真正将欧洲生态公共艺术推向高峰的，当属德国艺术家约瑟夫·波伊斯和他的经典作品《7000棵橡树》。

案例：给卡塞尔的《7000棵橡树》

20世纪60年代，一位勇敢的斗士——约瑟夫·波伊斯扬起新时代德国艺术的旗帜，继承前辈的人文关怀与哲学思考，为新现实主义的发展，为欧洲艺术的复兴做出了巨大贡献。波伊斯的作品凝结了人类无价的思想，传递着艺术家对社会发展的深深的使命感。1986年他获得了世界雕塑大奖，如雷的掌声后，人们只用一句简单的话概括了他的贡献：他把艺术带入了一段本质的境界，并使世界为之瞩目（图1-1）。

图1-1 约瑟夫·波伊斯

要谈波伊斯，不能脱离开他成长的环境。二战后，德国人始终沉浸在对战争原因和残酷性的深刻反思中。德意志民族悠久的思辨传统曾产生了马克思、叔本华、康德等哲学大师，生长于德国的波伊斯则是一名具有哲学家气质的艺术家。他提出了扩张的艺术观念和社会雕塑两个概念，并用深邃的隐喻和富有象征性的材料来表达他的观点，即社会活动和秩序应该用艺术的创造力来安排，这样才能避免极度发展的科学与战争带来的毁灭，这就是艺术的作用和疆域的扩张。

为了鼓励观众超越固定思考模式，他于 1965 年表演了行为艺术《如何向死兔子解释绘画》。他涂上蜂蜜，怀抱一只死兔子，连续三个小时说一些谁也听不清更无法理解的话，粗看之下颇为离奇，实际上却是扩大对艺术理解的重要一步。为了阐释他的社会主义理念，1967 年，他创作了一件规模难以衡量的行为艺术作品:《打扫杜塞尔多夫》，他坚信自己的行为是雕塑，即"社会雕塑"。

波伊斯的雕塑作品并非都像行为艺术一般不诉诸客观材料，在他的固态作品中，最著名的莫过于 1964 年的作品《油脂椅子》。这件作品主要由椅子和上面堆放的呈坡面的油脂组成（图 1-2），其创作背景要回溯到二战中，当时的波伊斯是一名德军飞行员，他的飞机坠毁于苏联的克里米亚，当地的居民——鞑靼人在他身上涂满了黄油，并用毛毡将他包裹起来，对他来说这是一种神奇的接近死而复生的体验。这一经历深刻地影响了他以后的创作理念。神秘主义融入了波伊斯的创作思维，他深信各种材料都有特性，代表着各种文化特质，比如象征协作的蜜蜂，象征再生和存在的黄油和毛毡等。在他看来，毛毯和油脂是有机物质的象征，受热可以变形并转化为生命。

20 世纪 80 年代，波伊斯的精力集中于著名的生态公共艺术奠基之作——《7000 棵橡树》。这件作品以行为艺术的方式更清楚、直观地诠释了生态公共艺术的意义。1982 年，在卡塞尔文献展上，波伊斯种下第一棵橡树，此后他耗费巨资运来大批量的玄武岩，摆成一个巨大的三角形。锐角指向种下的第一棵树木，但凡市民种下一棵树木，就会在旁边摆放一根玄武岩柱。整个项目耗资惊人，波伊斯本人不得不承接其他项目才能勉强维持。此后他与卡塞尔居民共同种下 7000 棵橡树。《7000 棵橡树》成功唤起了个体参与公共计划的集体记忆，将人、自然、社会紧紧相连，成为具有反思传统的欧洲艺术家在新现实主义的

图 1-2 《油脂椅子》

框架下完成的最具生态意义的公共艺术作品之一。《7000 棵橡树》也为卡塞尔这座小城留下了一笔难以磨灭的文化艺术遗产（图 1-3 ~ 图 1-10）。

波伊斯去世后，他的大多数作品都难以表现为独立的实体，那些看上去凌乱不堪的物质本身没有足够的美学价值可言，但波伊斯的思想却是永恒的。他的艺术表达了人类对于技术进步既向往又恐惧的心态，以及身不由己、无可选择的境遇。他把这种心态与原始艺术联系起来，把这种境遇与人类面对自然力时的恐惧、敬畏联系在一起。他所有看似荒诞不经的作品与行为，实际上都是在深刻地抨击现代社会中压抑人性、摧毁理性的行为。

"思考即行动，即艺术，即自由，即人的本质。"尽管波伊斯在世时就得到了承认，但他对于艺术界的意义可能要等到多年以后才会被深深理解和感悟。

图 1-3　种植活动中的波伊斯

图 1-4　7000 棵橡树成为一件"社会雕塑"

图 1-5　在玄武岩堆后的波伊斯

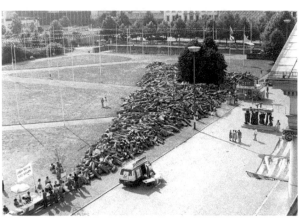
图 1-6　每种下一棵橡树，才能搬走一根玄武岩柱摆放在树木旁边

图 1-7 随着活动的开展，玄武岩柱日渐减少

图 1-8 所有伴随玄武岩柱的橡树都是 7000 棵橡树之一

图 1-9 种植中的波伊斯

图 1-10 《7000 棵橡树》为卡塞尔留下了深厚的艺术遗产

第二节
美国生态公共艺术的早期探索

造陆运动本是一个地质学术语，主要是指地壳在长时期内沿垂直方向做反复升降的运动，低平的陆地与海洋多由此形成。这一术语用来比喻公共艺术中的一个特殊门类——以改变自然面貌为标志的大地艺术显然十分恰当。

在美国，克里斯托那样的大地艺术家很早就注意到保护人类生存的原始环境的重要性，这种艺术行为的实践活动就是《螺旋形防波堤》和《包裹国会大厦》这样的作品。大地艺术将极少主义艺术家在美术馆内的实验搬到了广阔的室外，不可抗拒的自然力和永无休止的时间都作为作品的组成部分，让非艺术因素不断改变作品的面貌，只是为了向观众传达一种观念，而非在传统雕塑中极为看重的造型或内涵问题。许多作品最终在自然力作用下消失的事实为其打上了行为的属性。

案例 1:《螺旋形防波堤》

最早进入大地艺术领域的美国艺术家罗伯特·史密森（Robert Smith）（图 1-11）只使用自然材料进行创作。在艺术生涯早期的一系列艺术实验中，他提出了包括"反形式""概念主义"等多种新观念，并萌生创造室外人造美术馆展览的想法，他尤其追求这种人造痕迹与大自然原始痕迹间的对比效应，这些都体现在他 1970 年的代表作《螺旋形防波堤》（图 1-12 ～图 1-15）中。

罗伯特·史密森把犹他州大盐湖当成巨大的美术馆，把湖泊当作画布，用石块、带有腐殖质的水等纯天然的材料作为颜料和画笔，利用推土机等现代化工具，建造了一个巨大的防波堤形构造物。作品呈螺旋形伸入湖中，具有标准的构成美感。之所以呈螺旋形，还与当地的一个传说有关。这一传说认为大西洋常年从大盐湖中抽取湖水，因此留下巨大的旋涡。盐分很高的湖水经年累月地拍打着这件作品，留下一道道白色的盐结晶痕迹。随着湖水磨蚀，这件作品终有一天会消失，但它留给人类的视觉震撼与思考启迪将永恒。事实上，作品在落成不久就被上涨的湖水淹没，直到 21 世纪干旱造成水位下降，才又显露出来。

图 1-11 美国艺术家罗伯特·史密森

图 1-12 《螺旋形防波堤》全貌

图 1-13 作品鸟瞰

图 1-14　作品在早季的状态

图 1-15　从《螺旋形防波堤》的角度看日出

不幸的是，罗伯特·史密森在作品落成不久后的一次赴英国考察期间，因飞机失事而遇难，年仅 35 岁。他的很多构想也就从此无法实施。直到近年，《螺旋形防波堤》才被美国国会认定为国家文化遗产。

案例 2：克里斯托的"包裹艺术"

出生于保加利亚的美籍艺术家加瓦切夫·克里斯托（Javacheff Christo）从早年移居巴黎起就表现出了将物体用某种材料加以包裹的兴趣和才能，他认为这样可以最大程度地表现整体性和形体感。很显然，表达整体感是历史上无数艺术家的共同目标，但克里斯托选择了一条完全不同的表现道路。他积极运用现代化的材料和工具，对整个工程做出详尽规划，其内容从对环境的影响、成本到交通无所不包，缜密而庞大，这和以前艺术家单枪匹马、凭借艺术的直觉与激情的创作迥然不同。图 1-16 和图 1-17 为他的早期作品——1969 年《包裹澳大利亚海岸》。

图 1-16　《包裹澳大利亚海岸》1

图 1-17　《包裹澳大利亚海岸》2

克里斯托在 1970—1972 年创作的大地艺术作品《山谷幕》（图 1-18 ~ 图 1-20）是用 300 多米长的尼龙布制作，由钢索支撑在美国科罗拉多州的山谷间，形成了一道美妙的屏障，营造出壮观的视觉冲击力。"布"在此时有了极强的象征意义，它以一种柔和且事后不留痕迹的方式担负起了改造"第一自然"的作用，并通过这种方式传达了作者的艺术观。由于作品在自然中进行，克里斯托向美国政府递交了数百页的可行性报告，环境作用、经济成本、交通环境甚至于生物学都包含在内，并成功通过了政府的听证会。这种学科交叉和高科技含量也是现代公共艺术的显著特征。

图 1-19 《山谷幕》正面视角

图 1-18 《山谷幕》鸟瞰

图 1-20 作品安装过程

克里斯托继《山谷幕》之后的另一件作品是在 1972—1976 年创作的《奔跑的栅栏》（图 1-21 和图 1-22），这件作品长度超过 40 公里，横跨加利福尼亚州的两个县，相比《山谷幕》中橘黄色尼龙布的张扬，这里的奶白色尼龙布显得内敛许多。为了让两个县的农民同意在他们的地里打桩，克里斯托和他的妻子让娜克劳德施展了堪比政治家的说服能力。

图 1-21　《奔跑的栅栏》1

图 1-22　《奔跑的栅栏》2

　　克里斯托 1980—1983 年的作品《被环绕的岛》(Surrounded Islands) 是其在自然环境中包裹面积最大的作品之一。这件作品用粉红色的聚丙烯织物将佛罗里达州比斯坎湾的几处岛礁完全包裹起来，达 650 万英尺（1 英尺 =0.3048 米），视觉效果令人称奇（图 1-23 和图 1-24）。

图 1-23　《被环绕的岛》1

图 1-24　《被环绕的岛》2

克里斯托夫妇最知名的作品当属 1995 年的《包裹德国国会大厦》（图 1-25 ～图 1-27）。由于德国国会大厦在德国历史上的高度政治敏感性，克里斯托耗费了二十余年时间游说德国行政、立法、城市规划等部门的支持。1995 年 6 月 17 日，工程开建，巨幅的银色聚丙烯塑料布被 15600 根蓝色尼龙绳捆扎，产生出一种朦胧、壮观的奇幻美感。《包裹德国国会大厦》这部作品还带来了巨大的社会效益和经济效益，以仅仅两周的存在验证了艺术的巨大力量，这也是克里斯托的初衷。

克里斯托认为，作品的构思，公众对于安装过程的极度关注、甚至于批判的态度，大众对活动的随机参与，新闻的轰动效应及最后的拆除都是艺术过程的一部分，这种行为性可以说已带有后现代艺术的色彩。

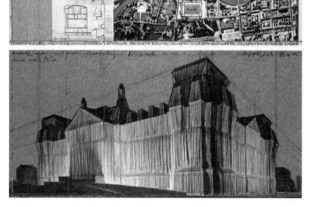
图 1-25 《包裹德国国会大厦》设计图

图 1-26 《包裹德国国会大厦》正在安装

图 1-27 《包裹德国国会大厦》全貌

克里斯托的大多数作品已放弃了永久性，只追求这种存在的事实性而非事实本身。在完成《包裹德国国会大厦》后，数百吨银色聚丙烯塑料布没有出售，而是重新作为降落伞的材料，使得收藏者的愿望落空，这也彻底实现了作品的非永久性。另一方面，这种非永久性也具有环境保护上的重大意义，他的作品最后以全部拆毁，以不在自然界中留痕迹告终，这正是生态意识在公共艺术创作中的体现。

案例3：迈克尔·海泽的《双重否定》

另一位大地艺术的代表人物迈克尔·海泽（Michael Heizer）追求作品的宏大气势以及与大自然的对比。他于1969—1970年在美国维尔京河的河道上开掘了一条运河，尺寸具有某种合乎比例的意义，长、宽、高分别是1500、50、30英尺。他追求"负"的概念，也就是"否定"。这不禁令人想起建造金字塔这样巨大"正"体量所需的精力与财力，因此这件作品被起名为《双重否定》(图1-28)。

遗憾的是，迈克尔·海泽的作品通常选择人们难以到达的边远地区，了解这些作品只有通过照片、录像、电影等手段，而且它们的尺度也制约了人们通过肉眼完整地观察，这不能不说是一种遗憾。另外迈克尔·海泽的作品不具有克里斯托和史密斯作品中所具有的美感。

尽管在一段时间内有所沉寂，但有资料显示，迈克尔·海泽的另一件大地艺术作品四十余年来几乎不停地在创作，这就是《城市》，作品已经耗资超过2500万美元（图1-29）。由于作者严禁作品在最终完成前让公众知晓，因此很多信息尚不为人知，保持着神秘色彩。

图 1-28

图 1-29

第三节
中国生态公共艺术的早期探索

在中国这片土地上，生态公共艺术的创作应该深深植根于中国传统哲学，这与设计界近年来强调的"设计本土化"是一致的。中国传统哲学中处处体现着生态意识，无论是墨家的"节用"观，还是道家的"道法自然"观，都是中国传统哲学体现人与自然和谐共存的精华。例如，著名美学家彭修银先生指出，渗透着生态意识的东方美学思想，把天地人作为一个有机的、统一的、动态的自然整体来看待，并自觉地维护人与自然的和谐关系，赞美和讴歌生机勃勃的自然生命。在这一点上，传统东方雕塑创作就受到东方美学的影响，在材料的选取上天然带有生态意识，着重运用土、木、陶等天然或准天然材质达到创作目的。传统泥彩塑运用土、木等寻常材料塑成，却可完好保存上千年，"中国彩塑艺术博物馆"麦积山石窟就是最佳的例证。

近年来，工业化的快速发展在提高了人民生活水平的同时，也不可避免地带来了环境的破坏与不可再生能源的消耗。在新的时代需求与呼唤下，中国新一代的生态公共艺术，从四川成都的活水公园项目起步，开始了一条引领中国生态公共艺术发展的道路。

案例：成都活水公园《流水形式》

独特的地理位置与发展历史，养成了成都人既珍视自身传统，又不排斥外来文化，乐于接受新鲜事物的性格。因此，尽管成都地处中国腹地，但并不妨碍其吸引国际化人才，成为中国西部经济发展的龙头之一。雄厚的资金和海外人才的积极引进，也成就了成都公共艺术的蓬勃发展。活水公园就是一个典型的成功案例。

自从都江堰等古代水利设施修建，四川就形成了发达的水利灌溉体系。发源于都江堰的府河和南河穿过成都市中心，自市西北都江堰地区鱼嘴处分流而下，在成都市东南的合江亭处汇聚成为锦江（也称府南河），也是成都母亲河。不幸的是，在经济快速发展的时期，由于排污增加，锦江遭遇严重污染，严重影响了成都的形象。因此，从1993

年开始，成都市政府以治水为核心的综合整治，并希望将休闲环境营造与河流治理合为一体。美国环境艺术家贝特西·达蒙女士在实地考察后提出了修建活水公园的意见（图1-30）。贝特西·达蒙女士在美国负有盛名，一直坚持艺术应该关注人类生存环境和资源可持续利用等问题，她来过中国多次，被国内学术界誉为"水的保卫者"。

图1-30　活水公园一角

达蒙女士和中国园林艺术家沈允庆、邓乐共同开展设计，以"活水"的新概念为出发点，运用水生植物能吸收水体中的污染和有害物质的生态学原理，把水质生物净化过程和公共艺术形式美学结合起来，成功打造人工湿地以及生物多样性的生态化滨河公园。其最重要的理念并不仅仅是再建自然，而是将公共艺术融于自然之中。园内最具代表性的公共艺术作品是《流水形式》（图1-31～图1-33）。

图1-31　《流水形式》

《流水形式》就面积而言，只占活水公园的很小一部分，但在媒体上曝光率极高。其形式为大量叠加、组合的水池，形似莲花或两两相对的鱼尾。大量的这种水池高低错落，水流借助重力蜿蜒而下，将经人工湿地系统处理后的河水引入公园。这样的过程模拟了大自然中宽窄不等的河床对水进行的自然曝氧，改善了河水质量，可以进一步有效地净化水质（图1-34）。

这些水池形态千姿百态，其实并不奇怪，因为它们都是艺术家用传统泥塑方式完成的，虽然20世纪90年代末计算机辅助设计在国内已经开始采用，但这种匠心独具的方式更能让人体会几位主创者对自然的感受，也赋予了《流水形式》独特的形式美感（图1-35）。同时这一过程也打造了一个独特的亲水环境，为公众与游客亲近水体、感知自然提供了绝佳的途径。

图1-32　中外艺术家正在合作泥稿

图1-33　作品对水的灵活运用活跃了形式

图 1-34　作品能通过沉淀净化水质

图 1-35　作品的形式十分优美

经过《流水形式》的氛围营造，加之后期完工的《一滴水》和《水的丰碑》等作品，成都活水公园成为成都市民休闲的好去处。它活跃了城市氛围，优化了城市生态环境，即使到今天，活水公园依然是国内生态公共艺术最高水平的代表。

赤子之心——生态公共艺术的早期探索

小　结

20世纪后期的生态公共艺术具有伟大的开创意义，但随着社会、科技、经济的发展，作品状态和所选基础材料的非永久性等因素，制约了传统生态公共艺术在人流密集的城市环境中推广的可能性，这正是新一代生态公共艺术推广的契机。通过这一章的学习，掌握生态公共艺术早期探索案例的知识，对于学习者了解生态公共艺术的概念以及不受技术条件制约的本质方面有重要意义，从而有助于在设计训练中把准方向，提升效果。

章 | 测 | 试

一、单选题

1. 美国艺术家罗伯特·史密森萌生在_____创造室外人造美术馆展览的想法。

A. 大盐湖　　　　　　　B. 密歇根湖　　　　　　　C. 安大略湖

2. 德国艺术家约瑟夫·波伊斯的作品_____以行为艺术的方式更为清楚、直观地诠释了生态公共艺术的意义。

A.《7000 棵橡树》　　　B. 绿色小提琴　　　C.《油脂椅》

3.《7000 棵橡树》成为具有反思传统的欧洲艺术家在_____的框架下完成的最具生态意义的公共艺术作品之一。

A. 浪漫主义　　　B. 现实主义　　　C. 新现实主义

二、判断题

1. 在 20 世纪 70 年代兴起的以反对环境污染和恢复生态平衡为创作主张的"生态学美术"。　　　　　　　　　　　　　　　　　　　　（　　）

2. 2010 年后的生态公共艺术重视运用具有天然属性的材料，更强调对自然的被动适应而非主动改变。　　　　　　　　　　　　　　　　　　（　　）

3. 美国艺术家罗伯特·史密森只使用自然材料创作。　　　　　（　　）

4. 生态环境问题并不是人类艺术创作的主要题材之一。工业革命之前，环境问题就已经引起人们的重视。　　　　　　　　　　　　　　　　　（　　）

5. 欧洲艺术家较早运用天然有机性质的材料是为了通过反讽达到艺术目的。（　　）

三、简答题

1. 请结合自己的理解，谈一谈波伊斯在《7000 棵橡树》创作中的核心思想。

2. 请结合实际情况，谈一谈对于《流水形式》中大量运用艺术家手工塑造的认识。

第二章

枝繁叶茂——
生态公共艺术的不同类型

近年来，随着社会、科技、经济的发展，在 20 世纪后期行之有效的生态公共艺术创作方式开始显露弊端，作品状态和所选基础材料的非永久性，制约了传统生态公共艺术在人流密集的城市环境中推广的可能性，进而将这些作品与所在地的经济、社会发展割裂开来。因此，由于新技术的介入和新观念的成熟，世界范围内公共艺术分化出了三条主要的发展路径，分别是单纯关注技术、注重原生态材料与警示公众注意。

第一节
以刚克刚——
力求以科技解决问题的生态公共艺术

为一种从本质上强调"低碳""环保""环境友好和可持续发展"的艺术形式，生态公共艺术近年来在欧美的快速发展与所在社会对环境的重视整体提高直接相关。"重环境"甚至已经成为美国公共艺术的主要特点之一。如何通过科技进步来解决环境污染的问题，已经成为生态公共艺术发展的一支重要支流。

案例1：蓝天之上——巴黎《空气质量可视化气球》

当代生态公共艺术正在以前所未有的途径走入公众生活。当人们来到巴黎雪铁龙公园时，不禁想要乘坐高空热气球鸟瞰巴黎市区的美景。但作为较早普及内燃机车的工业化大都市，巴黎的空气质量问题一直比较严重，引起市民不满。所以这一热气球本身除了提供观光体验外，还可检测空气质量，具有生态属性（图2-1～图2-3）。

图2-1 污染严重的巴黎市区

图2-2 《空气质量可视化气球》昼间景色

图 2-3　《空气质量可视化气球》夜间景色

　　巴黎的热气球可以通过改变颜色使空气质量可视化，由于这个气球会升到 150m 的高空，每天会被 40 万人看到，因此解决了传统标示手段的局限。热气球的运营方是一家名为 A e rophile 的公司，他们从 1994 年开始推出热气球观光业务，客户遍及中国、美国、法国、阿拉伯联合酋长国、突尼斯等地。据称该业务保持了相当长的安全纪录。另一方面，具体的空气质量则是由一家名为 Airparif 的组织（图 2-4）所设立的 11 处监测点（图 2-5）获取并实时发送到热气球上，其中五处位于立交桥等地，其他的位于车流量较小的地区，以求空气质量的平均值（图 2-6）。

图 2-4　Airparif 的标志

图 2-5　Airparif 安装的空气质量检测装置

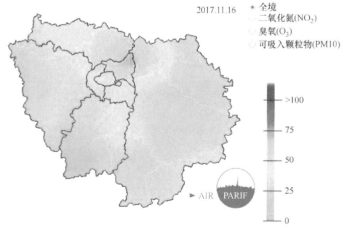

图 2-6　Airparif 提供的巴黎市区空气质量数据

具体过程是：安装在气球内部的照明灯可根据不同的空气质量变换光源，从内部照亮气球，以保证人们能够看到。红色代表危险，即空中臭氧、二氧化氮和可吸入颗粒物的含量已高于正常水平；橙色代表空气受到较严重污染；黄色代表空气中的有害物质含量适中；绿色代表空气比较晴朗，如果是暗绿色，意味着空气非常清新可以放心呼吸（图2-7）。如果气球变成红色，政府会鼓励巴黎市民骑自行车或用步行来代替开车，从而降低空气污染排放。这一生态公共艺术证明了创意的力量，也证明了艺术本身在保护环境方面的作用，不是单纯地降低污染，而是发挥视觉长项，将问题可视化，唤起人们的警醒来达到保护生态的初衷（图2-8～图2-10）。

需要注意的是，由于理念先行以及技术的不断成熟，近几年来这一类型的设计越来越普及，比如巴西圣保罗酒店外墙上的"光影生物（Light Creature）"，就是通过外墙上设置的200个条状低耗能LED照明装置对城市空气质量做出反应，通过橙色、红色、蓝色等色彩显示实现与环境的互动，并对人们提出警示，体现生态意义。

图2-7　人们可以根据气球的颜色分辨空气质量

图2-8　空气质量气球正在做升空前的准备

图2-9　空气质量气球升空

图2-10　热气球与埃菲尔铁塔交相呼应

案例 2：集大成者——"未来绿色建筑展"《展亭》(Louisiana Pavilion)

丹麦 3XN 建筑设计事务所是一所在国际建筑和景观领域非常著名的机构，开创性地设计了阿姆斯特丹音乐厅、利物浦博物馆等一系列有鲜明特色的文化建筑。其内设研究团队 GXN 近年来尤为活跃，其名字中的 G 代表绿色，该团队聚集跨学科人才，致力于生态材料研究、生物和数字化并聚焦最新的建造技术。

该团队一直秉承这样的理念：技术化设计是发展产品驱动的设计策略，旨在为建筑业创造新型解决方案。对顾客而言，技术化设计为项目提供了量身定做的产品策略，超越了简单的形式和功能。同样，技术化设计也可以优化现有的产品，如墙体等，从而更好地控制室内温度的均匀性，使建筑尽可能摆脱空调等设备设施。

《展亭》是 2013 年在丹麦胡姆勒拜克（Humlebaek，Denmark）举行的"未来绿色建筑展"的展品。《展亭》的核心设计理念是"向自然学习"，其设计的一切灵感都来源于自然，而大自然生物循环的基本依据是形状、材料和动态能源发电。因此设计师采用了常见的莫比乌斯环造型，以此象征着生物周期。设计师希望该作品能够展示可持续能源和智能材料的尖端可能性，以及绿色建筑的动态性和主动性（图 2-11和图 2-12）。不同于尽可能减少能源消耗，《展亭》聚焦于以更智能的方式创造和使用能源和材料。这一项目模仿大自然，使用可生物降解的生成能源的材料，创造耗能自给的建筑，而且这些材料在使用后也可分解。雕塑外层的复合纤维材料被亚麻纤维构成的生物复合材料所取代。雕塑内层的聚乙烯泡沫被软木片取代（图 2-13）。雕

图 2-11 《展亭》远眺

图 2-12 《展亭》细部

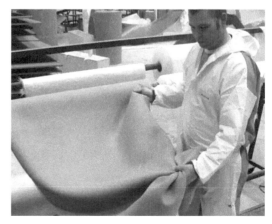
图 2-13 工作人员正在展示使用的生物复合材料

塑顶部铺设了 1mm 厚的太阳能电池板（图 2-14），压电材料可以依靠游览者在地面上施加的压力生成电流，而这些能量则用于内置 LED 照明。整件作品充分运用了新材料、新工艺，体现出 2010 年以后世界范围内生态意识和技术支撑的成果（图 2-15～图 2-17）。

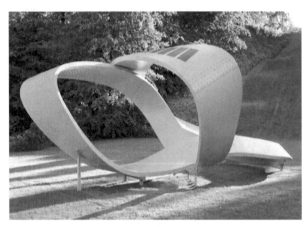

图 2-14　清晰可见的《展亭》顶部的太阳能电池板

图 2-15　工作人员正在利用模具塑形

图 2-16　《展亭》与环境十分融合

图 2-17　《展亭》与参观的小朋友比较可见其尺寸和比例

以刚克刚——力求以科技
解决问题的生态公共艺术

第二节
以柔克刚——
运用原生态材料的生态公共艺术

运用木材等原生态材料进行艺术创作具有悠久的历史，许多亚洲、非洲的木雕工艺品经过漫长的历史岁月一直保留到今天。原生态材料的使用被认为是更接近自然的行动。进入 21 世纪后，类似主题的作品依然是生态公共艺术中的主要分支。

案例 1：格里芬的意愿——《阅读巢》

克利夫兰是美国俄亥俄州凯霍加县的首府，由于处在运河与铁路交叉处的优越地理位置，因此成为历史悠久的工业中心（图 2-18）。美国制造业衰退后克利夫兰及时转型升级为金融、保险和医疗集聚之地，注重包括公共艺术在内的文化建设。其中克利夫兰图书馆

图 2-18 克利夫兰街景

（图 2-19）作为重要的文化机构，大力提供场地、咨询服务和资金，推进公共艺术建设，完成了获得美国 2012 年度公共艺术大奖的《图像与场地》。这里要介绍的则是 2013 年落成于克利夫兰图书馆外空地的临时性建构公共艺术《阅读巢》（*the reading nest*）（图 2-20 ~ 图 2-22）。

图 2-19　克利夫兰图书馆内部

图 2-20　从庭院看《阅读巢》与建筑的关系

图 2-21　俯视《阅读巢》与庭院的关系

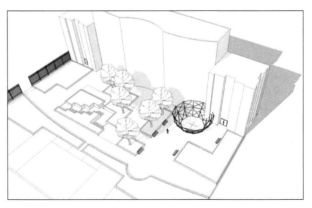

图 2-22　探讨与场地关系的《阅读巢》设计图

顾名思义，《阅读巢》是供游人，学生学习、阅读所用的半封闭式空间，国内更多称为阅读休息角。来自纽约市布鲁克林区的设计师马克·雷格曼（Mark Reigelman）（图 2-23）及其团队将这一建构以木材塑造成鸟巢的形式（图 2-24），有两方面的含义：表象的一方面，可以通过一种具有自然象征意味的形式，在繁忙喧嚣的都市里为人们提供一处心灵的休憩场所，重新认识自然、心灵和生命的意义（图 2-25）。深层次的一方面，这件形似简单的作品直指西方文化源头。《圣经》中有关于伊甸园里"知识之树"的传说，亚当和夏娃正是摘了这棵树上的果子。作者以木材的运用来贴合这一隐喻。另外，半狮半鹰的神兽格里芬（图 2-26）象征着知识，西方很多建筑的门口都摆放着它的雕像。鸟巢的运用从文化的高度暗示了知识之树与智慧之鹰，这是对图书馆场地和西方文化源头的致敬，也极大地加深了作品的深度。

图 2-23　作者马克·雷格曼（Mark Reigelman）

图 2-24　《阅读巢》的概念模型

图 2-25　《阅读巢》的木质结构带给人一种独特的心理体验

图 2-26　画家笔下的格里芬（Griffon）

　　这件作品没有采用由厂家施工的传统流程，而是由设计师及其团队共 5 名成员用 10 天时间手工打造。他们首先搭建了鸟巢形式的木质框架（图 2-27），并以 200 根钢索加固，然后选用 10000 块 2 英尺长、4 英寸宽的木板为基本材料，利用 40000 根钉子固定连接，最后形成了现在高 13 英尺，直径为 36 英尺的成品结构（图 2-28 ～图 2-36）。之所以人们称其为建构而不是建筑，与其手工过程和非永久性特征有关。建构是来自建筑学的术语，指的是对建筑结构的优化设计尽可能去除多余的部分，保留结构的纯粹性，展现材料之间清晰的力学关系和精巧的搭接模式，以发挥材料本身的物理性能，是一个包括设计、构建、建造在内的综合过程。近年来国内诸多建筑院校也开始重视此类课程，以确保学生思考建筑本质，感知设计逻辑并亲身发现以及应对现实问题。还有值得关注的一点是 6000 块木板喷涂了一层金色涂料，从而为建构增添了引人注目的色彩，同时也呼应着格里芬的主题，因为金色是格里芬的颜色。

图 2-27　开始搭建框架

图 2-28　建造过程 1

图 2-29　建造过程 2，开始在框架上安装木板

图 2-30　建造过程 3

图 2-31 马克·雷格曼在建造过程中

图 2-32 接近完工的《阅读巢》

图 2-33 《阅读巢》内部

图 2-34 《阅读巢》细部

图 2-35 建造过程对场地没有任何影响

图 2-36 作品与场地的关系十分协调

图 2-37 《阅读巢》落成后广受克利夫兰市民欢迎

这件作品的生态意义是毋庸置疑的。木材作为一种来自大自然的原材料，其易加工、无害、可再利用等优势赋予其鲜明的生态属性。也正因为此，这件并没有太多高科技介入的作品被看成是成长、社区和知识的象征，受到克利夫兰市民的欢迎（图 2-37）。需要注意的是，近年来类似的临时性公共艺术越来越受到重视和追捧，使用可降解材料，不永久占用空间，同样能够顺应社区需求，满足人的心灵栖居，实现人与自然的和谐发展。

案例 2：海陆之间的精灵——《浮木马》

英国著名艺术家海瑟·简思奇（Heather Jansch）的代表作品通过采用生态材料和传统塑造技术复制动物形象而产生，近年来随着生态理念越发得到重视而声名鹊起。

简思奇经常在退潮后的海滩捡拾浮木作为基本材料（图 2-38），然后在工厂以废旧钢材制作骨架，用玻璃纤维、合成树脂和钢材制作马腿，用铜打造马蹄，然后从大量的木料、树枝中挑拣出形状合适的固定在钢架上的合适位置，从而制作出一匹又一匹或气宇轩昂或舐犊情深的令人称奇的木马，堪称化腐朽为神奇（图 2-39～图 2-42）。这些作品不但材料本身全部是可再循环的，而且这些动物形象也令疏远自然已久的现代都市人魂牵梦绕。

图 2-38 正在捡拾浮木的简思奇

图 2-39 艺术家在创作过程中

图 2-40 艺术家和她的作品在一起

图 2-41　厂房中的部分作品

图 2-42　一些未完成的作品

尽管简思奇以马为主要创作对象，但她也力求突破，开创了黑熊、梅花鹿等动物的新题材。这些生动的形象，即使以最为严格的解剖要求来说也是合乎比例的，艺术家只有对动物的身体构造掌握得非常精准，才能再现如此生动的形象。简思奇创作的木材动物艺术还由单匹逐渐向场景组合发展，她创作了多个美好的场景，体现出动物与人一样也是有感情的，既有亲情，又有爱情和友情。她创作过两匹马的恋爱、母马护犊、马群领袖昂首冥思（图 2-43 ～图 2-48），还有驯鹿四处张望的场景（图 2-49 和图 2-50）。

图 2-43　《浮木马》之一

图 2-44　《浮木马》之二

图 2-45　《浮木马》之三

图 2-46 母子马之一

图 2-47 母子马之二

图 2-48 《浮木马》之四

图 2-49 驯鹿之一

图 2-50 驯鹿之二

在 2012 年于西安举办的世界园艺博览会上，她受邀参加，并就地取材，利用世园区内现成的废弃树枝、木材以及一些海滩浮木进行拼接，在西安创作新的现代雕塑《树枝马》，马高 2.5m，周身为树枝制作，在西安世界园艺博览会上作为公众艺术品展出，获得极大好评，也对中国生态公共艺术的进一步创作方向起到了引领作用。

以柔克刚——运用原生态材料的生态公共艺术

第三节
倔强的牛虻——
警示公众注意的生态公共艺术

相对于通过高科技手段或原生态材料来表达生态主题的公共艺术，警示公众注意的作品历史更为悠久。当今，消费社会产生的不可降解废物问题越发严重，气候问题甚至成为牵动国际政治的博弈点，众多公共艺术通过材料运用或行为本身来警示公众注意，是艺术关注现实社会并力求予以改造的正面具体体现。

案例 1：光盘的离歌——《镜像文化》

我们通常所称的光盘（Compact Disc），是用聚焦的氢离子激光束在高密度介质上处理记录信息的方法，因此又称激光光盘（图 2-51）。日常生活中的 CD、VCD、DVD 等都属于光盘。2010 年以后，随着闪存等读写次数更多、更快捷、容量更大的介质成熟起来，光盘逐渐退出历史舞台，光盘难以降解的问题也一直存在。

图 2-51 光盘

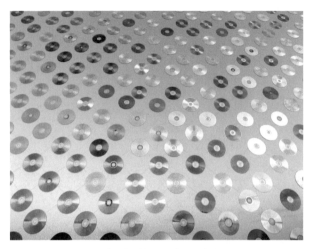

图 2-52　作品形式五彩斑斓

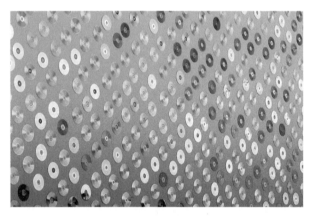

图 2-53　作品形式富于重复美感

面对这样的问题，公共艺术早早就已行动起来。2014 年，在保加利亚瓦尔纳市（Varna，Bulgaria），一件名为《镜像文化》的光盘巨幕亮相。瓦尔纳市致力于 2019 年申办欧洲文化之都，因此对这一颇具前景的项目提供了资助。

作品的材料是随处可得的，人们捐出自己不用的光盘，共 6000 余张，这些光盘的尺寸不完全一样，色泽也变化多样，但总体上具有重复美感（图 2-52 和图 2-53）。作者将创作由封闭的神秘过程变为了开放的、带有社会动员性质的行为艺术。作品制作过程中，共 128 位志愿者加入，将 6000 余张光盘编入一张巨大的编织网里。艺术作品带动了瓦尔纳市民的捐献热情与创作冲动，成为艺术与公众互动的成功典型之一（图 2-54～图 2-56）。

作品的艺术形式很理想，光盘的高度反射性和斑斓色彩使其在日光下熠熠生辉（图 2-57），到了晚间更是达到犹如金属毯子一般的艺术效果，颇为壮观，令人们印象深刻（图 2-58 和图 2-59）。

图 2-54　志愿者们正在齐心协力参与作品创作 1

图 2-55　志愿者们正在齐心协力参与作品创作 2

图 2-56 作品创作组装进入尾声

图 2-57 作品昼间景象

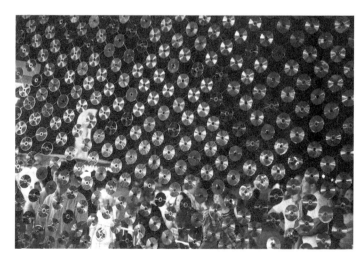

图 2-58 作品夜间景象

图 2-59 作品夜间互动效果尤其突出

图 2-60 《镜像文化》悬挂在公园入口处

作品的环境选择很得当。安放在瓦尔纳市海上花园公园的入口，系在入口的立柱上（图 2-60），以保证稳定性，同时具有了更好的视野，也不会阻挡人们的交通流线。

作者本人更多关注的是光盘作为信息存储介质背后的故事，他将创作描述为一个"对过去真实的反映和记录。"但作品本身的生态意义不容低估，大量的光盘没有被弃置，没有成为难以天然降解的垃圾，而是作为艺术品来美化环境，凝聚社区共识以及拉动旅游业，其中的价值只能用艺术的神奇力量来解释（图 2-62）。

在设计师、市政机构以及市民的共同努力下，文化之都的评委对这个社区艺术项目留下了深刻印象，在当年的瓦尔纳申报欧洲文化之都的竞赛中胜出。现在每年至少有 50000 名游客来到这座小城市观赏，产生了极大的社会效益和经济效益。

图 2-61 《镜像文化》完全不阻碍游人经过

图 2-62 作品落成后广受游客与市民喜爱

案例2：收纳盒畅想曲——《冰晶树》

随着现代消费经济的快速发展，一些未曾想过的工业消费品也进入了艺术家的视野，从新颖的角度诠释着节约、低碳的生态主题。

2011年，由LIKE设计事务所（LIKE architects）设计的《冰晶树》在葡萄牙里斯本落成，作为圣诞节临时性景观（图2-63和图2-64）。作品使用了一种有趣的原材料——塑料袋分配器，这种圆筒形的结构上有多个小孔，可以很容易地把塑料袋收纳在里面，也方便取用（图2-65和图2-66）。既方便了顾客，又降低了塑料袋变为垃圾的可能性。LIKE设计事务所注意到这种工具本身结构上的完整性及其生态意义，利用2400只塑料袋分配器搭建了30根高低粗细不同的立柱，立柱之间保持合适的距离（图2-67），内部安放LED灯，形成冰晶般的夜景效果（图2-68～图2-71）。设计师团队希望能以此加强人们的环境保护意识与废品回收。

图2-63 《冰晶树》所在广场的昼间景色

图2-64 白天的《冰晶树》

图2-65 《冰晶树》的细部肌理1

图2-66 《冰晶树》的细部肌理2

图 2-67 《冰晶树》高低错落

图 2-68 《冰晶树》内部有可以点亮的 LED

图 2-69 《冰晶树》所在广场的夜间景色

图 2-70 晚间的《冰晶树》

图 2-71 《冰晶树》的夜间效果尤其突出

倔强的牛虻——警示公众
注意的生态公共艺术

这种既非临时性又非永久性的作品还有一个独特之处，就是能够搬至不同区域。《冰晶树》这件作品就于 2015 年来到伦敦东部的维多利亚公园。这种方式既降低了成本又提升了展出效率，从一个新的角度诠释着生态意义。

小　　结

这一章需要特别注意的是：首先，通过技术进步研发低成本可降解材料，使用可再生能源发电照明，实现视觉美感甚至实现其他功能，是当前生态公共艺术发展的主流。其次，近年来类似临时性公共艺术越来越受到重视和追捧，使用可降解材料，不永久占用空间，同样能够顺应社区需求和满足人的心灵栖居，实现人与自然的和谐发展。最后，使用回收材料的临时性生态公共艺术还有一个环保之处，即能够搬至不同区域，降低了成本又提升了展出效率，从一个新的角度诠释着生态意义。

章　测　试

一、单选题

1. 美国克利夫兰市在其制造业衰退后及时转型升级为金融、保险和医疗集聚之地，注重包括公共艺术在内的_____。

　　A. 经济建设　　　　　　　B. 文化建设　　　　　　　C. 政治建设

2. 2013 年落成于克利夫兰图书馆外空地的临时性建构公共艺术为_____。

　　A.《阅读巢》　　　　　　B.《图像与场地》　　　　C.《浮木马》

3. 英国著名艺术家海瑟·简思奇以_____为主要创作对象。

　　A. 马　　　　　　　　　　B. 熊　　　　　　　　　　C. 梅花鹿

4. 在 2012 年于西安举办的世园会上，海瑟·简思奇创作新的现代雕塑_____。

　　A.《浮木马》　　　　　　B.《树枝马》　　　　　　C.《黑熊觅食》

5. 2011 年，由 LIKE 设计事务所设计的_____在葡萄牙里斯本落成，作为圣诞节临时性景观。

　　A.《水晶树》　　　　　　B.《圣诞树》　　　　　　C.《冰晶树》

二、多选题

1. 木材作为一种来自大自然的原材料，其_____等优势赋予其鲜明的生态属性。

　　A. 易加工　　　　　　　　B. 无害　　　　　　　　　C. 可再利用

2. 现在所强调的环境问题，主要指_____。

    A.生产所造成的污染　　　B.生活所造成的污染　　　C.资源的滥用

3. "未来绿色建筑展"展亭内的一切灵感都来自自然，而大自然生物循环的基本依据是

_____。

    A.形状　　　　　　　　　B.材料　　　　　　　　　C.动态能源发电

三、判断题

1. "轻环境"已经成为美国公共艺术的主要特点之一。　　　　　　　　　　（　　）

2. 巴黎的热气球可以通过改变大小使空气质量可视化。　　　　　　　　　（　　）

3. 2013 年在丹麦胡姆勒拜克举行了"未来绿色建筑展"。　　　　　　　　（　　）

4. 设计师在"未来绿色建筑展"中采用了常见的莫比乌斯环造型，以此象征着生物周期。

（　　）

5. 英国著名艺术家海瑟·简思奇的代表作品通过采用生态材料和传统塑造技术复制植物形象而产生。　　　　　　　　　　　　　　　　　　　　　　　　　　　　（　　）

四、简答题

请谈一谈《阅读巢》看似简单的外表下蕴含的文化内涵。

第三章

未有穷期——
生态公共艺术的发展趋势

在 了解了生态公共艺术的起源与不同类型后，通过梳理世界范围内较新的生态公共艺术建设案例，并结合世界经济、科技、文化发展的大背景，分析其显露的趋势。可以看出，生态公共艺术今后具体的建设趋势可以归纳为短暂、坚强和成长三点。紧紧把握住这几点趋势，对于正在赶超中的我国生态公共艺术来说，具有突出的意义。对学生们的设计训练来说，也有帮助理清思路、少走弯路的益处。

第一节
短暂——临时性作品数量
增加，回收材料日渐占据主流

材料可回收（即可循环利用）也是建筑和产品设计领域都通行的绿色材料标准之一。目前在公共艺术领域，由回收木板、塑料瓶、塑料袋分配器等材料完成的探索取得了较大成功，这类作品能达到很大的尺寸并在一定程度上保证安全性，而且其主要的功用之一在于警醒世人关注日益严重的塑料污染问题，提倡使用原生态材料。另一方面，这一举措也降低了进入公共艺术创作领域的资金门槛，加之在很多作品中有志愿者加入，进一步提高了许多小事务所或新生团队的积极性。

生态公共艺术作品的临时性也与另一种明显的趋势（即回收材料逐渐占据主流）紧密联系。当前大多数以回收材料为基础材料的公共艺术展出时间都不长，多则半年，短则几周，甚至于像《消失的小冰人》那样只有几小时寿命。这一现状既是由材料本身的耐久性决定的，也是由工艺决定的。因为，在可预见的未来，以手工捆扎、搭接、构建为主要工艺的公共艺术结构强度都不会太高，难以具有较长的寿命。超过这一寿命周期展出，也会对使用和观赏的公众带来安全隐患。当然，使用回收材料的临时性公共艺术也适合欧美场地空间日渐狭窄的现状。代表性的案例是加拿大的《泊岸》和日本稻草艺术节。

案例 1：柔软与坚强的悖论——《泊岸》

以植物纤维为主要原料，在生产生活中扮演着重要角色的纸，可以被回收和再利用。但其本身质地不坚固，不耐风吹雨淋，因此在大型艺术作品中较少利用。

在 2014 年的蒙特利尔"艺术地下室"庆祝活动中，出生在法国，毕业于雷恩美术学院的苏菲·卡丹（Sophie Cardin）展出了自己的大型纸材公共艺术作品——《泊岸》。这是一个法语词，意为泊岸、靠岸（图 3-1 ~ 图 3-5）。

图 3-1 《泊岸》不同视角 1

图 3-2 《泊岸》不同视角 2

图 3-3 《泊岸》不同视角 3

图 3-4 《泊岸》不同视角 4

图 3-5 《泊岸》不同视角 5

这是一组体量巨大的、由硬纸材质制作的锚链，准确地展示了船只停泊时锚链竖直或倾斜抛入海中的状态：锚固定住海洋中的静物来发挥锚泊作用，锚链两端分别连接着锚和船体。尽管作者对锚链的准确刻画很容易使人联想到航海文化的推广普及，毕竟加拿大是一个与海洋关系紧密的国家。但实际上，作者主要的意图是关注移民，希望用纸这种脆弱的材料与锚链这种厚重的形体产生对比，寓意移民不稳定的感受，呼吁人们更多关注他们（图 3-3 ~图 3-5）。

虽然作品的主题并不是生态本身，但纸这种可以很方便回收利用的材料，还是为作品增添了生态意义。毕竟，对这样的作品来说，尺寸上与人的对比很重要。而大尺寸的作品用永久性材料制作会有巨额资金投入，而且回收再利用困难。作者并未选择室外，而是将作品安置于蒙特利尔当地的 Guy Favreau 综合大楼内（图 3-6），避免了作品在雨水中损坏的尴尬。但当前随着纸材自身的进步以及对各种承重结构的探索，纸作为一种具有生态属性的公共艺术材料将会得到越来越普遍的应用（图 3-7）。

图 3-6 作品布置巧妙地避开了交通流线

图 3-7 苏菲·卡丹的其他纸质作品之一——《纸飞机》

案例 2：返璞归真——日本稻草艺术节

日本有使用原生态材料建造房屋和创作艺术品的传统，特别值得注意的是日本新潟市潟湖公园举办的稻草艺术节（Wara Art Festival）。日语"瓦拉"一词表示稻草，也称为稻草艺术节，这一艺术节的宗旨是鼓励艺术家团队利用收割剩下的稻草创作大型艺术品。毕竟，作为一种农业生产的剩余物，稻草或秸秆的处理一直是世界领域的难题，除用作沼气发电外，许多国家采用落后的焚烧肥田方式，造成了严重的空气污染。近年来由于印尼农民焚烧秸秆造成新加坡空气严重污染，甚至上升为两国的政治纷争。

基于此，利用秸秆进行文化创意利用，达到既有效利用废弃物，又促进旅游观光产业发展的目的，显然是双赢的局面。2015 年 8 月底瓦拉艺术节吸引了当地居民和东京的武藏野艺术大学的师生参加（图 3-8）。他们利用取之不尽的稻草资源创作了恐龙（图 3-9 ～图 3-11）、螃蟹（图 3-12）等动物形象，妙趣横生（图 3-13 ～图 3-17）。这也体现出利用生态材料创作大型公共艺术品的可能性与广阔前景，同时丰富了乡村的文化生活。

图 3-8 制作过程给了参与者极大乐趣和融入感

图 3-9 稻草艺术节上的三角龙雕塑

图 3-10 霸王龙雕塑不同视角

图 3-11 霸王龙雕塑不同视角

图 3-12　稻草艺术节上的螃蟹雕塑

图 3-13　一些形象力求逼真

图 3-14　一些形象妙趣横生

图 3-15　一些形象颇为威猛

图 3-16　大嘴张开的造型还意外地增强了与游人互动的乐趣

图 3-17　作者巧妙利用稻草形式表现动物的毛发

利用稻草进行创作与传统钢材、石材等材料有众多显著区别。首先，稻草创作带有比较典型的劳动密集特征，但也促进了团队之间的协作与交流，也体现了公共艺术的社会性原则。另外由于稻草本身没有刚性，难以起到支撑的作用，因此高度依赖木质框架（图 3-18～图 3-21）。同时很多艺术家别具匠心地通过形体设计，尽可能增加作品的接地面积，以降低设计难度（图 3-22～图 3-24）。

图 3-18 稻草原料初步整理阶段

图 3-19 搭建脚手架

图 3-20 逐渐成型

图 3-21 从这件天牛作品可见，一些细长的结构需要利用张拉线加强

图 3-22 由于稻草支撑力有限，因此头部大的动物往往选择

张嘴的造型，以多一个支撑点

图 3-23 这件霸王龙雕塑也采取下巴着地

的方式降低难度

图 3-24 2017 年稻草艺术节上的作品

短暂——临时性作品数量增

加，回收材料日渐占据主流

第二节
坚强——永久性作品
重视坚固材料，注意提高维护性

对于永久性生态公共艺术来说，其要求与临时性作品有很大不同：不能仅以其材料来源或物理属性是否具有生态性为标准，而要以是否符合实际工程标准并具有全寿命期成本优势来衡量。因此，符合可持续发展标准的生态公共艺术必须是对公众安全并易于维护的。

能够与环境互动是近年来生态雕塑和绿色设计领域的主要追求之一。众所周知，以青铜、石材、不锈钢为代表的传统雕塑材料由于自身物理特征无法实现与风力等自然要素的互动。现代冶金工业的发展产生了轻质铝合金这样兼具轻质量与高强度特征的雕塑材料，这样的作品由于自重轻，也必然在运输、安装甚至日后的迁移中更少消耗资源。因此，具备轻质量与高强度特征的金属材料，在合理的加工工艺下，可以实现人造物与自然力的交流，符合绿色生态标准。

综上所述，公共艺术生态材料界定标准的探索是一个需要综合统筹社会学、经济学、材料学、艺术学等相关学科知识的问题。我们需要高度关注材料领域的突破，出现既可细腻造型，又具有坚固性和稳定物理性质，加工工艺难度适中，价格不昂贵的材料将是公共艺术创作领域值得期待的盛事。但现阶段我们应强调从系统的角度，全面看待环境、工艺、成本等各种要素，依靠现有资源的重新配置以及思路转变实现对公共艺术生态材料的界定与广泛运用。代表案例是德国康士坦茨湖潮汐能水景公共艺术和西班牙塞维利亚恩卡纳西翁广场《都市阳伞》。

案例 1：德国康士坦茨湖潮汐能水景公共艺术

地球表面超过 70% 的面积都是海洋，海水会受到月亮、太阳等天体的万有引力作用而产生周期性的海平面升降现象。海洋渔业、盐业生产都需要注意潮汐的规律。将这种巨大的能量转化为电能是一种合乎自然规律的能源生产行为。这种能量持久，而且完全清洁无污染。近年来，随着电压不稳等问题逐渐被解决，双库双向潮汐能技术得到了更为广泛的应用。但由于常规电价格低廉，而且潮汐能电站建设要满足一系列的条件，因此其还没有大规模商业化运用。但这并不意味着不能在小型、民用或艺术化水景中使用潮汐能来作为清洁能源照明或驱动。

位于德国、瑞士、奥地利三国交界的德国最大淡水湖康士坦茨湖（Lake Constance）北岸伊门斯塔德港，就建立了一座别开生面的潮汐能水景公共艺术。公共艺术的主体是4.5m 高的喷泉雕像，12 根当地砂岩打造的粗粝石柱围绕在周围。一圈石板可供游人接近，并将整座公共艺术营造成具有优美形式感的圆形（图 3-25）。天然石材的肌理与周边壮阔的美景合为一体，游人徜徉小道，无疑是一种具有生态审美价值的体验。

但这一艺术形式的意义还不限于此，在石板间安装了小型电机，可以利用通入康士坦茨湖的潮汐水流来发电，满足喷泉水景的夜间照明需要，从而降低了能耗（图 3-26 和图 3-27）。这种方式考虑到了野生动物和戏水公众的安全性。最主要的是，通过对清洁可持续能源的利用，体现出一种艺术关注生态问题的可贵态度。

图 3-25 康士坦茨湖水景公共艺术

图 3-26 潮汐能发电装置效果图

图 3-27 潮汐能发电装置示意图

案例 2：西班牙塞维利亚恩卡纳西翁广场《都市阳伞》

　　塞维利亚是西班牙南部一座历史悠久的老城，历史底蕴丰厚，弗拉明戈舞和斗牛等西班牙国粹由此诞生。该市历史上曾先后被古罗马人、摩尔人统治过，为城区留下诸多风格迥异的老建筑。这种独特的历史文脉正是 2011 年落成的塞维利亚《都市阳伞》项目诞生的背景。

　　1990 年时，塞维利亚市政府决定改造老城区内的恩卡纳西翁广场（意为修道院广场）。原来的计划仅是简单在广场的下方修建一座地下停车场，缓解城区日渐凸显的停车难问题。但意料之外的情况出现，开挖过程中竟然遇到了罗马人和摩尔人的建筑遗址，出于文物保护的需要工程被迫暂停，这也是许多文物大国"甜蜜的烦恼"。虽然工程暂停会打乱规划，造成工期延误和资金损失，但如果处理得好也会为新建建筑添彩。希腊雅典新卫城博物馆在开工时就遇到了有重大价值的马卡瑞尼亚遗址，甲方和设计师合力采取新技术，利用 46 根支柱将博物馆主体架空，这样既保持遗址原貌，也可使游客通过玻璃地板加以参观。因此，塞维利亚市政府就该广场改造项目发起全球竞赛，最终由德国迈耶建筑师事务所（J.MAYER H.Architects）以标新立异的方案一举中标（图 3-28）。

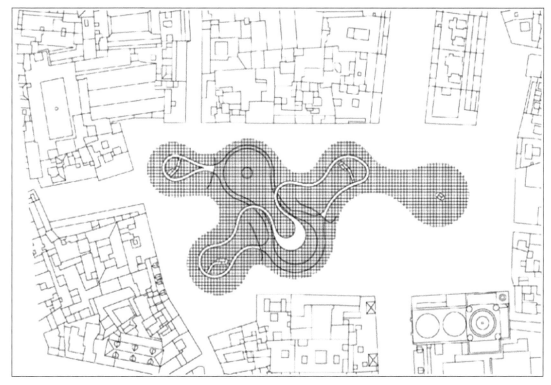

图 3-28 《都市阳伞》设计图

图 3-29 《都市阳伞》全景

图 3-30 《都市阳伞》另一视角

图 3-31 《都市阳伞》与下面的零售业态互不干扰

迈耶建筑师事务所成立于 1996 年，一直以来以建筑与科技之间的大胆跨界实践著称。这一次他们的方案尤为大胆，工程主体是一组空前巨大的木构，形成一个跨越街区、遮盖广场的巨大"阳伞"。阳伞的位置、尺寸与走向呼应广场流线与功能，限定了空间，并将博物馆、剧院、农贸市场、酒吧餐厅、零售商业等城市功能安排在其下部，木构上部设置观景步道，可为游人提供鸟瞰老城区的独特体验（图 3-29 ~ 图 3-32）。这一方案解决了遗址保护与功能提供的矛盾，通过创造新空间来保护原有空间，同时与文化要素、商业要素都有很好的结合，保证了作品落成后的人气。许多人对其提出批评，认为这一伞状结构形态前卫、尺寸空前，与老城区周边的建筑形态几乎没有呼应关系，是对老城风貌的破坏。但支持者包括当地政府，则看到了这种争议带来的价值。一方面，在欧洲的文化审美话语体系中，富有争议的前卫建筑经常能成功招揽游客、刺激旅游业繁荣、提升城市品牌形象。例如，巴黎的埃菲尔铁塔和悉尼的悉尼歌剧院，又如，另一座西班牙城市——巴斯克地区的毕尔巴鄂引进了由弗兰克·盖里设计的古根海姆博物馆，其形态前卫甚至怪异，在遭遇激烈抨击之后反而获得极大的宣传价值和商业成功。这种观点是有理论支撑和现实依据的，特别是对欧美国家的老城区而言，在改造原有城市空间中，完全采用顺应传统语言的手法是困难的。相反，索性采用一种激进的方式，用和周边老建筑形态毫无关联的形式语言进行"嵌入"，是成功概率更高的手法（图 3-33）。在方案通过后，迈耶建筑师事务所开始扩大初步设计并准备施工。完成设计的《都市阳伞》由六组结构组成，均呈蘑菇形，形成一个巨大空间。

图 3-32　《都市阳伞》为周边人群的生活带来极大便利　　　图 3-33　《都市阳伞》与周边老城区的建筑形态关系

　　设计师完全采用数字化手段，以三维建模软件 Maya 推敲结构整体尺寸、结构和塑型，并随时与甲方沟通调整形态。具体到节点，木片看似与蜂窝结构接近，但与蜂窝结构的六边形不同，所有片状结构都属于一个完整的正交体系。正交是一个向量分析中的数学概念，在三维空间中，如果两个向量的内积是零，那么两者就是正交的；如果从二维空间来看，两者是相互垂直的。如果用传统施工方法，以 Maya 软件生成的非线性形体通过出图、下料、切割、成型、安装会是一个烦琐的过程，且会产生很大误差。新一代的计算机辅助设计软件改善了这一流程。设计师引入 BIM 软件 Catia，对生成的形体做切片处理，并直接进行节点生成与施工图深化，保证了低成本与高精确度。在具体选材上，设计师选用既有环保属性又有足够强度的 3mm 复合木材板 Kerto，利用螺栓合页固定，虽然看似是一种非永久性的材料和工艺，但事实证明其可靠性很高（图 3-34 ～图 3-37）。

图 3-34　施工中的《都市阳伞》1　　　　　　　　　图 3-35　施工中的《都市阳伞》2

图 3-36　施工中的《都市阳伞》3　　　　　　　　　　　图 3-37　从这个角度可见板材的厚度和插接方式

从 2011 年 4 月初落成以来,《都市阳伞》就在争议中不断提升知名度,甚至被誉为当今最具革新性的木建构。作品以一种自创的独特形式语言与空间句法成功打造了塞维利亚老城中的"异托邦"(异托邦是福柯 1984 年发表的一篇关于空间研究的重要论文《另一空间》中出现的与"乌托邦"不同的新词)。本书限于篇幅在此不对这一概念做过多解释,仅从这一巨型公共艺术的环保属性、形式创新以及与广场的空间契合来说,《都市阳伞》无疑是引领新世纪广场公共艺术发展创新潮流的力作 (图 3-38)。

坚强——永久性作品重视坚固材料,注意提高维护性

图 3-38　朝阳中的《都市阳伞》

第三节
成长——警示型和科技型
生态公共艺术分化日益明显

从宏观趋势上看，社会对生态公共艺术的需求逐渐由追求艺术主张的自我表达转向更为现实且多样化的目标——零排放、融入环境并与环境和人产生良性互动，最终实现艺术与社会发展的共赢。但是在生态艺术领域，警示型公共艺术依然保持着独立地位，并且得到美术馆和艺术评论界的大力支持。因此，两种公共艺术的分化越发明显，在可预见的未来缺少弥合的可能。

案例 1：不再回来——《目光中消逝的小冰人》

尽管近年还有一些艺术作品运用冰为主要材料，通过其不断溶解留下水迹实现艺术目的，但这些作品从未像《目光中消逝的小冰人》项目一样引人注目。2009 年 9 月 2 日，在德国柏林御林广场音乐厅前，由世界自然基金会委托，巴西艺术家内尔·阿泽维多（Nele Azevedo）（图 3-39 和 图 3-40）创作了一千多个不同形态的小冰人，放置在兼具楼梯功能的座席上，映射世界大众（图 3-41 和图 3-42）。在 23℃的温度下，这些小冰人经过几个小时的展出就已在众多参观者面前慢慢融化成水，消失殆尽（图 3-43 ~ 图 3-45）。活动的组织者希望此举能引起公众对于全球变暖的关注。许多艺术评论家称其为具有震撼效果的小型纪念碑（图 3-46）。

图 3-39 女艺术家阿泽维多

图 3-40　创作过程中的阿泽维多

图 3-42　小冰人的艺术魅力在于集中布置

图 3-44　逐渐融化的小冰人 2

图 3-41　小冰人的细节很逼真

图 3-43　逐渐融化的小冰人 1

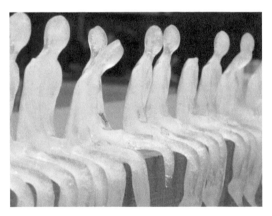

图 3-45　作品局部

图 3-46　作品又称《最小纪念碑》

　　这件作品具有典型的通过警醒的反作用促进生态主题的特点（图 3-47 ）。如果单纯从作品本身来说，使用如此大量的水资源，将其冷冻所消耗的电力以及需要清除的水迹，都并不一定生态，但艺术作品不能单纯用数据去衡量。小冰人是一种带有象征和隐喻的形象，暗示人类大众。融化的过程揭示着全球变暖和环境恶化的受害者不是别人，就是我们自己。就这样通过一种高度直观且具仪式感的艺术表达，使人们注意到环境问题，并在今后的生活中去改正。这种影响还通过现代媒体的作用被不断放大，一直扩散到全球，意义非同一般（图 3-48 和图 3-49 ）。

图 3-47　烈日下的小冰人希望人们能够警醒

图 3-48　作品寿命虽然短暂，引发的关注和保存下来的图像却极具震撼力

图 3-49　作品引发人们极大关注，为身体力行环保奠定了基础

图 3-50　人们正在与《欧迪》互动

图 3-51　《欧迪》局部

案例 2：听不见不代表它不存在——《欧迪》

如前面的案例所陈述的，在当代社会，噪声污染问题越发严重，但依然没有得到足够的重视。因此，意大利设计师奇亚拉·帕茨菲茨（Chiara Pacifici）与拉诺齐亚·特莱科特工作室（Ranocchia Terrecotte Studio）合作设计了一款名为《欧迪》的交互装置。这是一组简单的锥形艺术体，其形态被精心设计以充当一组放大的耳朵，用户躺在两个"耳朵"中间，可以听到周边的噪音以及利用共振效应传来的正弦波声音，体会到社会急速发展带来的噪声污染问题（图 3-50 和图 3-51）。这一带有巨型扩音器性质的装置于 2010 年完成，可以放置在公园或广场，是对人类不断破坏生态环境的一种带有"嘲讽"意味的呐喊。虽然形式简单，但作品打破了声音设计、沟通和艺术装置之间的边界，带有很大程度的设计创新意义（图 3-52 ～图 3-57）。

图 3-52　《欧迪》适合于不同年龄的人群 1

图 3-53　《欧迪》适合于不同年龄的人群 2

图 3-54 《欧迪》适合于不同年龄的人群 3

图 3-55 人们从洞中好奇地向外看

图 3-56 《欧迪》能够放大声音并将其传到人的耳朵里

图 3-57 《欧迪》为参观者留好了位置

成长——警示型和科技型生
态公共艺术分化日益明显

小　结

这一章需要特别注意的是：首先，原生态材料在公共艺术中的使用与临时性是相辅相成的，纸、草等原生态材料可在自然中完全降解，但由此带来的问题就是耐久性不高，因此适于短时间的室外展出或稍长时间的室内展出。其次，具备轻质量与高强度特征的非金属材料，在合理的加工工艺下，可以实现人造物与自然力的交流。这样的作品由于自重轻，也必然在运输、安装甚至日后的迁移中更少地消耗资源，更符合绿色生态标准。最后，无论技术如何进步，警示公众注意环境始终是艺术的恒久主题之一，甚至可能会随着科技的进步而更加深刻。希望学生们深入了解世界范围内生态公共艺术的发展趋势，紧紧把握住临时性作品增多、警示型和科技型公共艺术分化日益明显等特点，直接将设计目标瞄准前沿，避免低水平重复，优化训练过程，提升训练效果。

章｜测｜试

一、单选题

1.苏菲·卡丹在2014年的蒙特利尔"艺术地下室"庆祝活动中，展出了自己的大型纸材公共艺术作品《＿＿＿＿》。

　　A.巨大的锚　　　　　　B.泊岸　　　　　　C.锁链

2.意大利设计师奇亚拉·帕茨菲茨与拉诺齐亚·特莱科特工作室合作设计了一款名为《＿＿＿＿》的交互装置。

　　A.欧迪　　　　　　B.阅读巢　　　　　　C. Cola- bow

二、多选题

从最新生态公共艺术建设显露的趋势可以看出，具体的发展趋势可以被归纳为（　　　　）。

　　A.短暂　　　　　　B.坚强　　　　　　C.成长

三、判断题

1.2014年，在保加利亚瓦尔纳市落成了一件名为《镜像文化》的光盘巨幕。　　（　　　）

2.从2011年4月初落成以来，《都市阳伞》被誉为当今最具革新性的木建构。　　（　　　）

3.从内尔·阿泽维多的小冰人之后，近年来还有一些艺术作品运用冰为主要材料，通过其不断溶解留下的水迹实现艺术目的。　　（　　　）

四、简答题

1. 请用 200 字左右阐述对于生态公共艺术中科技型和警示型的分化的见解。

2. 根据国情，未来的中国生态公共艺术设计应该主要着力于哪一方向？

第四章

生态公共艺术基础知识——
生态美学理论及运用

在我国当前国情下，借鉴发达国家的成功经验，在自然环境中推进公共艺术建设以促进公众艺术参与感，首先需要生态美学的系统理论支撑。生态美学在自然环境公共艺术创作与批评中的应用既存在理论基础，又有成功个案，如果运用得当将能从内容与形式两个层面有效提升我国自然环境公共艺术的创作水平，从而更好地改善所在地区的文化氛围，推进人与自然的和谐发展。

第一节
公共艺术为何需要生态美学？

自从当代公共艺术于 20 世纪后期出现以来，尽管其形式上日趋多媒介、多角度、多形态，但其始终将公共性作为自身本质属性的精神内核。许多艺术家、策展人以及市政部门通过公共艺术创作推进社区、城市文化建设以及人与环境和谐发展成为 20 世纪后期欧美、日本等发达国家通行的惯例。其中，在自然环境中建设公共艺术最具代表性的案例便是本书第一章提到的美国艺术家罗伯特·史密森创作的《螺旋形防波堤》。以《螺旋形防波堤》为代表的自然环境公共艺术作品因为与城市、街区等人工环境公共艺术在形式和内涵上都存在很大区别，因此自成一类。无论是位于原生态自然环境，还是位于森林公园、环湖公园等半人工化的自然环境，它们都具有相近的本质：将原本在美术馆内进行的实验搬到广阔的室外，将不可抗拒的自然力和永无休止的时间作为作品的有机组成部分，利用艺术之外的不可控因素不断改变作品的面貌，让事实性而非事实本身成为作品的灵魂。因为这种深刻的内涵与壮观的视觉效果，这些作品本身、创作作品的行为以及它们所处的自然环境都具有了极高的知名度与影响力。

对中国的建设部门、文化部门、学者和艺术家而言，借鉴发达国家的成功经验，在纯粹的自然环境和半人工化的自然环境中推进公共艺术建设以提升城市文化形象，并促进居民生活环境的系统改善，显然是有吸引力的选择，相关实践案例也屡屡见诸媒体。但是在具体建设过程中，如何超越模仿阶段，基于当前我国城市化进展快速、土地稀缺、环保压力较大等现实国情，在尽可能少破坏自然环境的基础上取得尽可能大的社会共鸣，目前还缺乏相应的理论支撑，由此带来的结果是实践活动的零散与混乱。衡量一件自然环境公共艺术作品是否成功，必然需要一套系统的审美评判标准。但是，传统、单一的形式美、艺术美、社会美都无法解释现有的成功案例，更无法有效地指导该领域今后的实践。已有学者注意到这一问题："艺术样式的变化虽然使传统单一的审美评价标准面临困境，但美学向文化领域的拓展却有效避免了这一学科面对新艺术形式的失语问题，并衍生出更具多元性的艺术评价方式。"基于此，如何拓展美学研究对象，利用具有交叉性、前瞻性和可行性的美学原理指导在自然环境中的公共艺术创作与批评就具备了强烈的现实需求。

第二节
生态美学应用于
自然环境公共艺术的理论基础

20世纪后期以来，随着现代工业文明对自然的破坏以及人对自身与自然关系的迷茫，生态问题逐渐进入美学界研究视野并成为美学的主要研究对象之一。各国美学界开始认真思考如何将生态学和美学有机结合，从生态审美的高度去审视人与自然、社会的关系，以求破解工业文明破坏自然生态这——"现代化陷阱"。尽管生态美学研究肇始于西方，但是进入21世纪以来，我国的生态美学研究在立足中国传统文化的基础上积极吸收国外先进成果，在马克思主义生态美学构建等领域逐渐取得重大进展。"以和谐共生的生态纬度作为自身理论立论的逻辑起点；以自觉的、有节制的和取舍有道的实践纬度作为自身理论的原创动力；以创建完满和谐的生态大境界作为自身的追求目标。"马克思主义生态美学理念在自身理论体系不断完善深化的同时，还在积极探索如何从社会、经济、文化的角度应用于实践。面对在自然环境中推进的公共艺术创作，生态美学完全可以与艺术美学有机结合，为这一领域的创作与批评活动提供宏观和微观层面的理论支持。

生态美学应用于自然环境公共艺术有两方面的理论基础。首先，公共艺术在自然环境中出现与存在，这种行为本身就体现了人类保护自然环境的努力以及与自然和谐共存的愿望，具有一定的后现代反思意味。同样，生态美学也建构于人类对高度理性、以人类为中心的现代性反思的基础之上，提倡生态平衡和协调发展。因此自然环境公共艺术与生态美学从根本上是同源的，是从不同方向向一个终极目标的努力，完全可以在理论与实践上互为补充、互相促进。

其次，自然环境公共艺术建设中的人类行为与生态美学的研究对象并不抵触。生态美学虽然以自然生态以及人与自然的关系为核心，但是社会生态和文化生态也包含在其研究范畴之内。马克思认为，自然事物只有经过人的社会实践的选择、改造、征服，才获得一定的社会意义和价值，其自然属性才会转化为一定的审美属性，其自然形式才会转化为审美价值形式。从这一点上说，应用于自然环境公共艺术的生态美学原理与原生态自然美还是有一定区别的。

综合来看，生态美学应用于自然环境公共艺术的创作与批评，既有现实需求又具备理论基础，下面将结合部分成功案例分析其具体运用的原则。

第三节
自然环境公共艺术的
形式应符合生态审美标准

自然环境公共艺术的形式较之传统艺术具有多元、消解、动态等特征，但在具体建设过程中，自然环境公共艺术应从材质、风格和安装方式三方面符合生态审美标准。

一、材质

为了体现人与自然和谐相处的诚意，在最严格意义上的自然环境公共艺术建设范例中，材质的选择应当以可降解、消散、自然消失为标准，《螺旋形防波堤》使用的石块、带有腐殖质的水体等就完全符合这一标准。日本神奈川县藤野町将建设公共艺术的计划与当地丰富优美的自然山区景观结合起来，打造了"故乡艺术村"。在其中布置的作品大多是巧妙利用自然环境的实验性公共艺术品，离开山林，离开自然，这些艺术实验就无法实现。其中《故乡的眼睛》完全用树木制作而成，随着自然环境的变化而变化，乃至消亡，实现了艺术的最高境界（图4-1）。

图4-1 《故乡的眼睛》

从稍宽松的标准来看，自然环境公共艺术的材质不必刻意追求可降解，但应属于未经过多加工的天然材质，特别是能够与周边环境共同变化的天然石材。相比之下，无论是从物理特性还是心理感受都更强调科技性的金属材质，不应在自然环境公共艺术建设范例中使用。日本的带广市从 20 世纪 70 年代就开始建设绿丘雕塑公园，作品全部使用当地的白色花岗岩，并以绿草坪和白桦林为背景。管理方在维护中有意减少人为干预，使得这些作品经过数十年的风吹雨淋已经长出了斑驳的苔藓，表面也不如当年光泽，棱角也不再锐利，但是其与自然环境契合得天衣无缝，反而具有了视觉上、心理上、理性上的美感（图 4-2 和图 4-3）。

图 4-2　日本北海道带广市雕塑走廊中的《石之精华》　　图 4-3　日本北海道带广市雕塑走廊中的《指向那里》

如果囿于各种因素，材质既不能完全降解也并非是取自当地的天然材料，那么就必须可拆卸、搬运、消失。在这方面，美籍艺术家克里斯托使用的"布"具有代表性。在早年用布包裹澳大利亚石礁海岸的尝试之后，克里斯托在科罗拉多州山间用数千根钢索支撑长达四十多公里的 8 英尺高的尼龙布，从而在山谷间形成了一道美妙的屏障，并命名为《山谷幕》。《山谷幕》不但成功营造了视觉上的"壮观"感受，而且作为材料的"布"在此时此地有了极强的象征意义，它担负起了改造"第一自然"的作用，只不过是用一种柔和且事后不留痕迹的方式来宣传作者的艺术观。

二、风格

在艺术风格和造型语言上，只有风格含蓄、内敛的公共艺术作品，才能在宁静和谐的自然环境中不会引起观众的突兀之感。从实例来看，大多数成功的自然环境公共艺术作品在造型上都呈现多曲线、多弧面的特征，注重自身的完整、开放、内敛，注重与周边自然环境的和谐、统一。人工环境公共艺术那种通过色彩、形式感与周边建筑环境形成强烈对比以彰显自身存在的现象，在自然环境公共艺术创作中很难见到。

三、安装方式

严格来说，无论基于何种建设初衷，公共艺术作品毕竟是人造物，依然会对自然产生一定的破坏。但是，设计者完全有条件通过各种可以采取的手段，将对环境的改变、影响和破坏降至最低。而且就自然环境公共艺术给人带来的心灵安慰与放松以及其产生的经济意义和教育意义等多方面效应来说，对自然环境有节制的、非永久性的改变应该被允许。在很多成功案例中，主办者和艺术家都主张在安装时尽量采用最少破坏自然的方式，并以科学指标量化对环境造成的影响。以克里斯托早年的作品《山谷幕》为例，由于作品在自然中进行，因此克里斯托向美国政府递交了数百页的可行性报告，其中包括环境作用、经济成本、交通环境甚至生物学评估文件，并成功通过了当地政府的听证会。

从具体层面上说，许多日本雕塑公园中的公共艺术作品甚至没有永久性的地基，只是用雕塑自身的重量安放于平地上，不但便于搬运，而且随着时间流逝与周边环境几乎融为一体。同样，克里斯托在纽约中央公园进行公共艺术创作时，与园方签订的合同中包含有"不得损坏公园里的花卉、山石和草木""为埋放钢质结构的底座而挖的洞穴日后应回填自然材料，使地面处于良好状况"等条款。

第四节
自然环境公共艺术的
内容应反映生态美学内涵

艺术家在进行公共艺术策划、论证和创作过程中，应该将具有生态审美价值的观念，如人与自然的和谐观念作为自然环境公共艺术主要的表达内容。同理，对已建成的自然环境公共艺术进行批评也应秉持这样的原则。罗伯特·史密森就是最早在自然环境公共艺术中表达明确观念的艺术家之一。在他以壮阔的大自然为场地和画布，将观念融于其中，最后营造出恢宏景观的过程中，始终把传达观念作为主要目的。在艺术探索的同时，作品也蕴含着保护自然环境的深邃内涵，并为观念、行为、材料、自然这四个因素的结合找到了一个完美的突破口，这是罗伯特·史密森与《螺旋形防波堤》奉献给世界的最宝贵财富。

　　同样，中国当代自然环境公共艺术创作在将环境保护、人与自然和谐相处等后现代语境中的生态美学观念作为主要内容的同时，还不应放弃对中国传统文化资源如"天人合一"等观念的再发现与灵活运用。因为"天人合一"观至少包含着两点，一是整体思想，二是平等观念，这是截然不同于西方主客二分思想的哲学观，是中国哲学蕴含着丰富生态思想的生动写照，同时这两点也与现代生态学的两个核心原则是对应的，即生态中心原则和生态平衡原则。将我国传统文化资源融入自然环境公共艺术的创作，既是中国公共艺术创作者的使命，也是中国艺术家的优势所在。

小　结

　　生态美学原理能够有效作用于自然环境公共艺术的内容论证与形式选择两个层面。借鉴生态美学基础原理建设的高水平自然环境公共艺术作品应当在内涵上体现人与自然和谐发展的深刻思想，在形式上亲近自然、融入环境，不以追求永久性为目标。这样的高水平公共艺术作品不仅是单纯的学术实践探索，还能在彰显地区文化特色、提升所在地区公众的艺术参与氛围方面发挥具体的积极作用。反过来，优秀的自然环境公共艺术实践还能丰富生态美学的研究内容，并为进一步的深入研究提供更多的素材。因此，生态美学原理与自然环境公共艺术创作的融合与互动是理论与实践互为促进并最终造福于社会的典范，无论是对我国当前的"和谐社会"建设，还是对全人类面临的可持续性发展问题，都具有不容忽视的借鉴意义。

章 测 试

简答题

1. 中国艺术家在进行自然环境生态公共艺术创作时应格外注意哪一点？

2. 为什么说自然环境公共艺术与生态美学从根本上是同源的？

第五章

生态公共艺术基础知识
——现代材料、科技与理论

生态审美价值是生态公共艺术设计中应首要注意的原则，除去单纯的理论思考外，现代材料、科技和理论也具有重要意义。这一章介绍开展生态公共艺术设计至关重要的陶瓷、碳纤维等生态材料；太阳能发电、压感发电等科技以及系统论、绿色建筑等理论。

第一节
生态公共艺术设计的现代材料知识

在公共艺术中，通过材料选择体现对生态问题的关注有悠久的历史。当前在艺术领域对生态低碳材料的实践运用往往局限于美术馆内，尚难以形成可在公共艺术建设中推广运用的模式，这也就意味着达不到提升城市艺术建设科学水平的作用。公共艺术绿色材料的界定标准只能在部分程度上借鉴艺术领域的生态低碳材料标准。由于现代生态公共艺术的材料非常多样，这里仅介绍几种最具有代表性且在当前环境下相对易于实现的材料及相应的工艺类型。

一、石材

石材具有永恒、坚固、自然的多重属性。由于石材相对易开采，因此是人类艺术创作中运用最早的材质之一，也被广泛运用于公共艺术建设中。由于石材具有来于自然、属于自然、归于自然的特点，因此其更多被用于自然环境中的景观型公共艺术建设中。相对于金属雕塑需要铸造、焊接等技术加工手段和工序，石材的切、凿显得更原始粗犷，更可以显示艺术家的技艺细节和原始构思。

从视觉角度去看，石质公共艺术，尤其是白色或灰色大理石与绿地蓝天在色彩上有互补性。石质公共艺术在肌理上也可以略显粗糙，显出一种未经雕琢的朴拙之美（图5-1）。当然，全部以石雕组成的公共艺术群体，在存在上述诸多优势的同时，也不可避免地会造成单调、缺乏变化的视觉效果。这种单调一方面来自色泽，另外石雕的特性也使得公共艺术形态较为单一，难以产生金属公共艺术那样巨大的变化和奇巧的构图。这

图5-1 奥地利的石材公共艺术作品

也是以石雕为主的公共艺术公园最大的弊端，比如日本笠冈雕塑公园，和长野县富士见町雕塑公园的"创作林"都存在视觉感单调的问题。

二、陶瓷

陶瓷是陶与瓷的合称，是一种包含有金属元素与非金属元素的化合物，属于硅酸盐类，现泛指用土为原料，经过配料、成型、干燥、焙烧等一系列步骤制成的器物。所不同的是，陶器的原料是陶土，陶土的颗粒大小不一，主要由石英、长石、高岭石、蒙脱石、伊利石等材料组成，掺水后可塑性很强，以天然的黄色、灰色为多。瓷器的原料是瓷土，瓷土是高岭石黏土的俗称，因发现于中国江西景德镇高岭村得名。这种材料具有良好的绝缘性与耐火性，掺水后也具有很强的可塑性。陶瓷独特的高硬度、高抗热性、高耐腐蚀性使它成为理想的器皿制作原料，也为其进入开放的公共空间打开了大门。陶土与瓷土良好的可塑性给艺术家发挥才能与想象力以极大的空间，在先进科技和全新理念的支持下，陶瓷材质的当代公共艺术发展十分迅速，并产生了多姿多彩的效果（图5-2）。但是由于硬度逊于石材和金属，因此陶瓷公共艺术需要与金属材质相结合，以保证不受外力损害，对加工工艺要求较高。同时由于在烧制环节存在风险，因此总体成本较高。

图5-2　日本陶瓷公共艺术作品

三、木、稻草

木无疑是易获得的艺术材料，它有独特的纹理和色泽，但易被腐蚀。早在蛮荒之年，人类就开始在木头上刻契符号，寄托着他们的企盼与向往。随着人类造型能力的提高和工具的日渐先进，人类对木头的加工逐步深入。

古代木雕留存下来的不多，在非洲的一些地区由于气候干燥，保存了一部分人类早期的木雕作品。非洲（撒哈拉沙漠以南）的木雕异彩纷呈，基本上有一个特点，就是想象大胆奔放，而且经常被赋予某些宗教或巫术的意义，这一点和古埃及的一些木雕被用作代替死者的肖像相似又不尽相同。我国也有着悠久的木雕艺术传统，湖南长沙马王堆汉墓中就出土了大量精美的木雕俑人。

木象征着与自然同步，它生灭由天，尽管很多古代的木雕精品因此丧失，但这也使得木这种材质多了自然的亲和力。近年来，越来越多的现代艺术家运用木料制作环境雕塑，追求的就是木与自然一同消逝最终回归尘土的可变性，这是其他材质很难做到的。

相对来说，稻草则是一种更为有特点的生态材料。稻草是我们熟悉的农业生产中在稻谷成熟后将稻谷脱粒收集后留下的杆、叶片与穗部的总称。稻草从古至今就是生产生活中常用的材料之一，由于重量轻，茅草被大量用于屋顶。由于成本低廉易于成型被大量用于编制草鞋。虽然具有易损的不足，但是近年来结合地区发展旅游经济的努力，稻草公共艺术得到了越来越普遍的应用。除了之前提到的日本瓦拉艺术节，还有2003年在法国巴黎举办的稻草人节；2015年在我国辽宁省盘锦市举办的中国盘锦冬季稻草艺术节；2017年在我国河南省郑州市举办的首届中国中原稻草艺术节。

四、钢材

相对于铜，钢很晚才出现在人类艺术的舞台上，而适合建筑装饰和艺术创作的不锈钢则发明于20世纪初。苏联著名的女雕塑家穆西娜于1937年为巴黎国际博览会苏联馆创作的《工人和集体农庄女庄员》，是不锈钢及相应的锻造工艺的第一次成功运用，具有划时代的意义。很快，不锈钢以其独有的现代特征和易于加工的特性，迅速成为现代艺术家钟爱的材质。与不锈钢对应的工艺主要是锻造及焊接，不锈钢铸造只有很少数不成功的运用案例。

以钢材为主建设生态公共艺术有很多可见的优势：首先，钢材价格低廉，尤其很多时候以报废钢材为材料创作焊接雕塑，更能体现出这一优势，经济上的可承受性使利用钢材制作大尺寸雕塑成为可能。其次，钢质雕塑重量远较同体积的石质或铸铜雕塑轻，便于安装和运输，很多悬挂于建筑顶棚或建筑顶部的公共艺术只能依靠轻质量、高强度、便于拆解吊装的不锈钢锻造工艺才能实现。再次，不锈钢可以通过深度抛光或表面加工实现很高的反射度，这也催生了现代公共艺术中依靠反射周边景物实现融入环境的一个类别。最后，与天然石材不同，钢材是完全的人造物，它本身就是人类智慧与力量的结晶。与同是人造物且历史悠久的铸铜相比，钢材更具有工业时代的象征意义，尤其是不锈钢时尚富于现代感，反映着时代的进步发展给人审美观带来的变化。如同石质雕塑和树林草地相处默契一样，钢铁材质的雕塑作品与钢筋水泥的现代化城市契合得十分融洽。因此，但凡公共艺术被选择布置在城市内、道路两旁的情况下，经常会选择钢铁材质的雕塑，这样更符合观众的视觉和心理反应（图5-3）。

不锈钢锻造后的质感与效果和不锈钢板的厚度有密切关系，大型雕塑往往需要较厚的钢板，厚度大的钢板焊接时受热变形小，完成后凹凸不明显，但加工难度大。较薄的钢板易于加工，但焊接难度大，受热后变形严重。如果雕塑形体过大，钢板变形问题就会影响表面效果。

　　加工不锈钢需要专业化工具，切割2mm以下的薄板可用电剪刀，再厚的钢板则需要用专门的裁板机。近年来，既保证钢板平整又不限厚度而且形状变化自由的切割工具是等离子切割机，它利用特种喷嘴放射出温度高达一万摄氏度以上的等离子射流，成为理想的现代切割工具。

　　不锈钢的锻造方法基本与锻铜一致，主要为冷锻，偶尔在一些转角大的地方用乙炔气体加热。不锈钢锻造

图 5-3 托尼·史密斯的钢铁公共艺术作品

中很重要的一部分是焊接的技术。电焊是传统的焊接方法，但导热严重，钢板容易变形，必须不断地采取冷却措施。一种先进的焊接方式是氩弧焊，作为一种气保护电弧焊接法，它可以用惰性气体氩气保护电弧融化的金属免遭氧和氮的侵蚀，尤其适合有 90° 拐角的几何形雕塑。

　　虽然一些理论认为钢材不属于生态材料，但是对于要长久屹立在公共空间的公共艺术来说，要承受时间和自然的磨蚀，因此对材料的坚固性要求很高。公共艺术不但具有上述特性，还因为强调融入公众生活并结合功能，所以对材料的安全性提出了更高的要求。如果运用的绿色材料在使用中因强度不足造成游客、公众受伤，或者从长远看妥善维护要消耗大量资源，无疑都是得不偿失的。如此看来，很多传统意义上具有绿色特征的材料就不能完全满足需求了。同样，目前对绿色材料的理论探讨往往是对实践的总结与归纳，这也就意味着目前对其探索的象征意义大于实际意义，达不到提升城市艺术建设科学水平和我国文化软实力的作用。从这一视角看，钢材的运用有其合理性，《未来之花》等著名生态公共艺术作品都是采用软钢制造的典型案例。

　　钢材的一个突出的特点是便于循环使用，著名的《北方天使》《轨道塔》（图 5-4）等作品都大量运用废旧钢材重新加工制成，如果不考虑加工过程中的废液排放等原因，钢材的生态属性是非常典型的。

　　除不锈钢锻造之外，依托快速发展的材料科学，新兴的考登钢（也称耐候钢）等材料也日益受到公共艺术设计者的重视，如澳大利亚的克莱门特·麦德摩尔（Clement Meadmore）就利用这种耐腐蚀、色彩独特的材料创作了大量作品（图 5-5）。由于已经经过防锈处理，因此不容易与外部气候发生氧化反应，显然具有突出的生态属性。

图 5-4　正在施工中的《轨道塔》

图 5-5　克莱门特的考登钢作品正在施工

五、铝合金

　　铝合金是以铝为基的合金总称，主要合金元素包括铜、硅、镁、锌、锰，次要合金元素包括镍、铁、钛、铬、锂等。铝合金的特殊性能来源于纯铝的特殊物理性质，铝具有密度小、自重轻、熔点低、易加工、耐腐蚀等其他材料难以比拟的优越性，但缺点是强度较低，难于用作结构材料承力。因此人们借鉴早先向纯铜内加入可改善物理性能的其他元素得到青铜的做法，将其他多种元素加入铝中制成合金。铝合金在保持铝自身质量轻等优点的同时又具有了较高的强度，因此在工业化生产后被广泛运用于航空工业、机械制造等领域，在现代

图 5-6　《断裂的纽扣》

工业领域中用量仅次于钢。铝合金的这种优越性能在运用于公共艺术创作时，使材料具有了易加工、耐腐蚀等优点。还有很宝贵的一点，铝合金的导热系数低于传统用于制造室外设施的不锈钢，避免了夏冬两季作品可能出现的危及人身的高温和低温，这使其特别适合用于那些提供乘坐、休息、游戏功能，要与人身体近距离接触的公共艺术作品，如克莱斯·奥登伯格的《断裂的纽扣》（图 5-6）等。

铝合金自重比同等体量的不锈钢更轻的优点，使其更容易与建筑结合。可以来看这样一个案例，2014年6月，当时欧洲最大的永久性雕塑《螺旋桨滑流》（*Slipstream*）（作者理查德·威尔逊 Richard Wilson）在英国伦敦希思罗机场二号航站楼亮相（图5-7）。该公共艺术以软件技术"固化"飞机进行特技飞行时的飞行轨迹，形成流畅且富于动感的三维形态。作品依托四根间隔18m的航站楼立柱悬挑布置于室内空间，全长超过70m，气势恢宏、形式新颖，具有强烈的视觉冲击力。由于该作品位于室内，且呈悬挑姿态，作品自重必须轻，所以作者及团队选用了铝为基本材料，其具有比重轻，耐腐蚀等优点。但是仔细观察，可以发现表面上有密集的铆钉，这意味着该作品采用了有古老历史的铆接工艺，类似飞机制造（图5-8）。之所以没有选用焊接工艺，是因为铝合金焊接条件极为苛刻，其与氧气化合而成的三氧化二铝薄膜会严重阻碍熔合，而且在清理焊缝时需要使用丙酮清洗。总之，铝合金焊接与钢材焊接不同，一旦焊接方法及焊接工艺参数选取不当，就会造成严重缺陷。在这一点上，铆接工艺在连接铝合金薄板方面就简单得多，而且技术成熟，不会出现安全事故。唯一的缺点是表面密集排列的铆钉使作品显得平整度不高。

图5-7 《螺旋桨滑流》

图5-8 《螺旋桨滑流》作品表面的铆钉清晰可见

图 5-9　布鲁斯·比利斯的塑料公共艺术

图 5-10　碳纤维材料作品《甜自强者出》

六、塑料

塑料是一种高分子合成物，主要是以合成树脂为基础原料，其特点是可以塑化成型并在凝固后保持既定形状，热塑性塑料可以受热反复塑制，热固性塑料只能一次成型，再受热只能炭化。塑料近年来在公共艺术领域也有小规模运用。美国雕塑家布鲁斯·比利斯在美国加利福尼亚州萨克拉门托市市政厅中心广场上设计了一座由丙烯酸塑料浇铸而成的雕塑，造型优美，犹如鸟儿展开的双翼，几近透明的独特质感也为它平添了色彩（图 5-9）。由于这种材料用来浇铸后在固化阶段会出现裂缝，所以此种材料的作品并不多见。

七、碳纤维

碳纤维的加工工艺与人们熟悉的玻璃钢非常类似，都是纤维与树脂结合，固化后具有高强度。但两种纤维物理性质迥异，碳纤维是由碳元素构成的无机纤维，力学性质优异，密度低，轴向强度和模量高，不易产生蠕变，耐疲劳性好，热膨胀系数小，耐腐蚀性好。而玻璃纤维是废旧玻璃经过高温熔制、拉丝等工艺形成的，吸水性差、耐热性高，但强度远逊于碳纤维。不过碳纤维的优异性能与高昂造价联系在一起。碳纤维的具体工艺，有模压法、手糊压层法、真空袋热压法、缠绕成型法、推拉成型法等。碳纤维材料的高强度对于英国伦敦天使大厦《甜自强者出》（Out of Strong Came Forth Sweetness）等公共艺术独特的造型有很重要意义（图 5-10）。

第二节
生态公共艺术设计的现代科技知识

2010年以后世界生态公共艺术最显著的特点之一就是大量采用清洁、可持续的发电技术为自身照明提供能源，并实现其他功能。要实现这一点，就必要依靠风力发电、太阳能发电、压感发电和潮汐能发电等新技术。本书主要介绍这些新的发电技术，以及它们如何与公共艺术作品的形式巧妙结合。

一、风力发电

风力发电作为一种清洁的可再生能源，取之不尽，用之不竭，越来越受到世界各国的重视。我国风力发电行业的发展前景十分广阔，预计未来很长一段时间都将保持高速发展，同时盈利能力也将随着技术的逐渐成熟稳步提升。

风力发电主要是将风能转化为电能。风力发电用到的装置称为风力发电机组，它由风轮、发电机、铁塔三部分组成。风轮是由两只或者更多只的螺旋桨形的叶轮组成，为了获得更大风能，要求桨叶的材质强度高且重量轻，常用玻璃钢和复合材料碳纤维。风轮将风能转化为机械能再输送到发电机，但是在这之前，由于风轮的转速低且风力大小和方向的不稳定，首先要装一个把转速提高到发电机额定转速的齿轮变速箱，再加一个使转速保持稳定的调速机，并且为了使风轮始终对准风向获得最大的转速，通常要装一个尾舵。发电机将机械能转化为电能后输出使用。最后，铁塔是用来支撑风轮和发电机的装置，一般在 6 ~ 20m（图 5-11）。

风力发电机有两种类型：①水平轴风力发电机，风轮的旋转轴与风向平行；②垂直轴风力发

图 5-11　旷野中巨大的风力发电机

电机，风轮的旋转轴垂直于地面或者气流方向。相对来说，由于公共艺术的尺寸一般不太大，与人的距离较近，因此水平轴的设计具有更好的安全性，法国的《风树》和英国的《未来之花》都采用了类似的设计。如图 5-12 所示为天津大学的学生在课程设计中运用风能的案例。

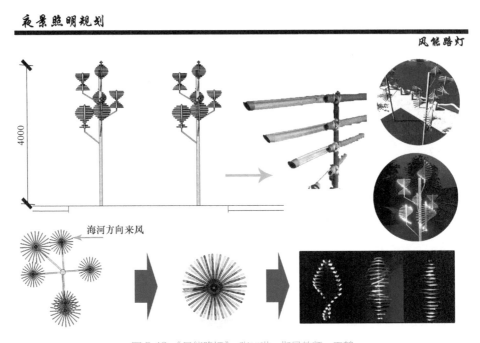

图 5-12 《风能路灯》，张□琳，指导教师：王鹤

二、太阳能发电

太阳中的氢原子核在超高温时聚变释放的巨大能量称为太阳能。太阳能作为最原始的能源可以转化为风能、波浪能、海流能等其他能源。太阳能的应用十分广泛，如太阳能温室、物品干燥和太阳能热水器等。

太阳能要转化为电能，工作原理是通过水或其他工质和装置将太阳辐射能转化为电能，有两种转化方式：一种是将太阳能直接转化电能，另一种是先将太阳能转化为热能再将热能转化为电能。需要用太阳电池进行光电转化，太阳能发电不需要热过程就可以直接将光能转化为电能，包括光伏发电（图 5-13）、光化发电、光感应发电和生物发电。其中光伏发电是当今太阳能发电的主要方式，其利用半导体的电光效应有效地吸收太阳光的辐射能，使之直接转化为电能。

在光伏发电中，最重要的部分是太阳能电池板的质量和成本。太阳能电池有晶体硅电池和薄膜电池两类。晶体硅电池分为单晶硅电池和多晶体硅电池两种，单晶硅电池的转化率最高可达 23%，是三种里面最高的，其寿命最高为 25 年，但其成本也最高。多晶体硅电池的转化率为 14% ~ 16%，成本低，寿命相对较短。薄膜太阳能电池的转化率是 12% ~ 29%。

　　近年来，太阳能发电技术几乎成为生态公共艺术设计的"标准配备"，光伏电池板与公共艺术形体和外壳的结合日臻完美，并渐渐和智能电网等技术结合。美国得克萨斯州的《太阳花》、飞利浦公司的《光之群花》（概念设计）都是这方面的杰出案例。图 5-14 和图 5-15 为天津大学的学生在课程设计中运用太阳能发电的成功案例。

图 5-13　光伏电池板

场地内的景观设计，是与火车站户外空间作为一个整体设计的，具有候车的功能。

太阳能休息厅

设计说明：

　　为了从细部上呼应整体设计的折线母题，候车厅的遮阳雨篷也采用折线造型，是通过帕普斯定理的图示抽象而得出的形象。它既可供候车使用，又可以作为单纯的休息长廊，雨篷顶部接有太阳能电池板，吸收太阳能，形成绿色能源。

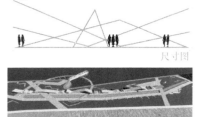

尺寸图

图 5-14　《太阳能休息厅》，李金世，指导教师：王鹤

海河下游沿线景观与公共艺术设施改造　　　　　　　　详细设计

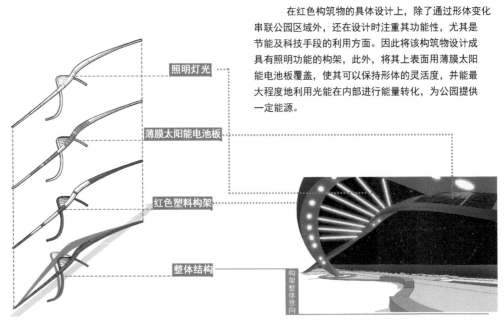

在红色构筑物的具体设计上，除了通过形体变化串联公园区域外，还在设计时注重其功能性，尤其是节能及科技手段的利用方面。因此将该构筑物设计成具有照明功能的构架，此外，将其上表面用薄膜太阳能电池板覆盖，使其可以保持形体的灵活度，并能最大程度地利用光能在内部进行能量转化，为公园提供一定能源。

照明灯光

薄膜太阳能电池板

红色塑料构架

整体结构

构架整体意向

图5-15　覆盖太阳能电池板的《红色构筑物》，孟溪，指导教师：王鹤

三、压感发电

压感发电的工作原理是在电阻膜上加固定的电压，在没有外力作用下，导电膜不接触电阻。没有电流被测得，不会有定位的信息反映。当用硬物压在电阻膜的某一点时，电流通过导电膜被测试电路读取，就可以书写定位了。作为一种网络扫描实现方式，压力感应技术的特点是有物体压住膜的表面时，可以反映出物体压住的位置。

压感发电最常用的两种方式为直接压力发电和压力储能发电。

（一）直接压力发电

直接压力发电多使用压电陶瓷和线圈永磁体。

压电陶瓷：可利用压电陶瓷受压力变形发电，优点是使用范围广、使用时间长，缺点是接收能量小且投资大，如打火机、电子点火器、超声波换能等。

线圈永磁体：可利用线圈永磁体往复切割磁力线发电，如鞋底部夹层内并排间隔设置永磁体及线圈，利用人体腿部运动往复切割磁力线发电。

（二）压力储能发电

压力储能发电在公路、海洋中多有使用，此处重点介绍海洋中的使用情况。

海水面层：海浪撞击固定漂浮高度坝墙，推动封闭类似缸体线圈切割内置永磁物质发电，并同时缓释压力存储，延长发电时间，可 24 小时发电。

海水中层、底层：利用海水不断起伏的特性在海水中层、底层设置耐盐腐蚀的活动筏板，筏板与海底气缸由固定长度的活塞杆相连；利用海水不断起伏所产生的压力推动筏板 - 活塞缸体压缩空气或其他流动介质做功发电，可 24 小时发电。

近年来，压感发电技术在生态公共艺术设计中运用较少，这与压感发电技术略微复杂，维护难度较高有关，但其在生态公共艺术中的应用呈现出越来越普遍的趋势。丹麦设计的《展亭》、美国波士顿的《人造树》等都是这方面的典型案例。图 5-16 和图 5-17 为天津大学的学生在课程设计中运用压感发电的成功案例。

喷泉平台

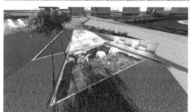

压感座椅

设计说明：

喷泉平台是娱乐区的中心景观，在平面上采用三角形造型，同时在周围设置了一个多边形的，与周边道路铺装不同的区域。暗示了周边城市交通对场地的动态影响，以及作为"动"的分区的娱乐区动态、快节奏、时尚感的基调。

喷泉平台的座椅是与整个平台景观相呼应设计，造型简洁明快。座椅与感应景灯一样，使用压感技术，每天入夜以后通电，每当有人坐上座椅后，灯就会自动发光。

这样既节省了能源，又赋予了喷泉平台这一关键景观节点时尚的气息。

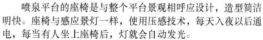

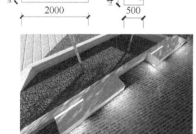

图 5-16　《喷泉平台和压感座椅》，李金世，指导教师：王鹤

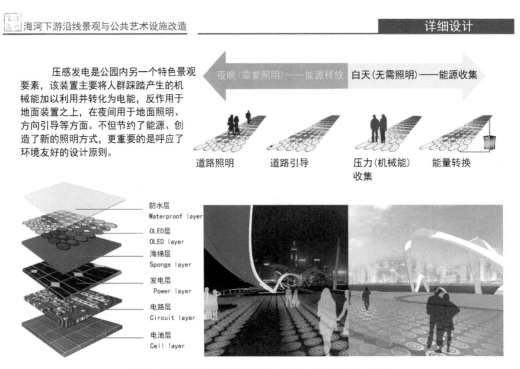

压感发电是公园内另一个特色景观要素，该装置主要将人群踩踏产生的机械能加以利用并转化为电能，反作用于地面装置之上，在夜间用于地面照明、方向引导等方面。不但节约了能源、创造了新的照明方式，更重要的是呼应了环境友好的设计原则。

夜晚（需要照明）——能源释放　　白天（无需照明）——能源收集

道路照明　　道路引导　　压力（机械能）收集　　能量转换

防水层 Waterproof layer
OLED层 OLED layer
海绵层 Sponge layer
发电层 Power layer
电路层 Circuit layer
电池层 Cell layer

图 5-17 《景观压感发电地面》，孟溪，指导教师：王鹤

第三节
生态公共艺术设计的现代理论知识

由于生态公共艺术设计具有高度跨学科性质、理论与实践意义兼具，因此在掌握生态美学理论和现代科技、材料知识外，还需要选择适当的辅助理论分析工具，以便使辅助设计训练顺利开展。因此，这一节简要介绍在设计中将会运用的，在自然科学研究和社会科学研究中已经相对成熟的几种理论工具：系统论、可持续发展理论、绿色建筑概念以及全寿命期理念，引导学生从理论高度更好地处理作品与生态环境、城市环境的关系，处理好设计与维护、管理之间的关系，从而提高作品的寿命。

一、系统论

系统是自成体系的组织，是相同或相类的事物按一定的秩序和内部联系组合而成的整体。一般系统论的创立者，奥地利生物学家贝塔朗菲提出了着眼于整体性的系统思想观，他把系统定义为相互联系、相互制约的各要素组成的统一整体。一般情况下，一件公共艺术作品从策划论证之始至少存在于三大系统之中，这三大系统分别是人工系统、社会系统和自然系统。这三大系统以多种方式综合作用于公共艺术建设的不同时间段、不同物质组成部分和不同社会角色。这些系统的变量主要包含人工环境、社会环境和自然环境。人工环境主要体现为作品周边建筑的拆除、改造、重建等人类活动，这些活动可以对作品周边环境造成显著影响，以及作品所在广场、公园等位置所占用的土地升值或用途变更的因素，兼有能源和交通等因素；社会环境主要体现为作品所处地域的主流美学观念变化与相关舆论变化等；自然环境主要体现为光照、风力、酸雨、地面沉降等因素。

一件公共艺术作品在其全寿命期内能否作为这三大系统不可缺少的有机组成部分存在，直接决定了作品的物理寿命与艺术寿命。任何系统的内部普遍存在矛盾，因为作品以物质形态和视觉形态介入不同系统运转，必然在三大系统内部产生保护作品的变量和损害作品的变量之间的矛盾，作品的寿命期就是这些矛盾在互相抵消中保持动态平衡的过程，一旦两者处于失衡状态，就是作品寿命不正常终止之时。例如，美国《倾斜之弧》案例中，作品因为阻碍了交通流线而被拆毁；英国《爆炸的一瞬》因为技术等因素综合作用而被拆毁。如何在设计过程中就尽可能周全和长远地考虑这些因素，是实现公共艺术作品成功的关键。

延长公共艺术作品寿命的主要制约在于把公共艺术作品在全寿命期内可能遇到的影响自身寿命的外部环境因素变化。因为这些因素都不是孤立与静态存在的，所以只能基于系统理论，将公共艺术个体视为不同系统中的能动的组成部分，将其寿命期内可能遇到的各种外部变化视为系统变量，方能使公共艺术设计具有技术哲学层面的合理性与艺术上和技术上的可行性。

二、可持续发展理论

可持续发展是一个系统概念，强调既满足当代人的需求，又不损害后代人满足其需求的能力，找到一条经济、社会、人口和资源相互协调发展的道路。由于可持续发展已经成为现代城市发展的必备原则，因此专业人士、媒体和公众往往对公共艺术如火如荼发展中暴露出的一些过度发展、不正常发展等不可持续现象有所关注。

当前对公共艺术可持续发展的关注总体上较少，也缺乏系统理论支撑。由于公共艺术具有艺术创作属性，运用可持续发展理念的目的不明确，因此在一定程度上产生了一些模仿建筑及其他工程领域对可持续发展理念运用的现象。部分实践为彰显绿色环保观念而选用木、竹等天然材料，为显示可循环利用观念选用废弃钢材进行焊接创作。这些探索都值得肯定，但必须看到其着眼点过于集中在当下。当前，可持续发展理念已经在我国建筑工程领域获得较大突破，而在公共艺术领域还少有人了解，其中主要原因是在任何一座城市中，公共艺术的数量总是远少于建筑和其他基础设施，对其建设过程中和后期运行时消耗的不可再生资源很难引起足够的社会重视。近几年来，中国众多大城市已经凸显出人口密度高、资源紧张、环境污染等问题，每一个与市政工程建设相关的领域都应该将可持续性发展放在首位。因此可持续发展理论对于认识和处理中国公共艺术生态发展问题具有重要意义，不论是满足不同时代城市居民建设及管理艺术作品平等权利的代际公平问题，还是公共艺术用材、耗能上的环保考虑等具体问题上皆是如此。

三、绿色建筑概念

从很多方面来看，中国当代公共艺术与建筑领域有诸多相通之处。首先，中国公共艺术作品的尺寸及其配套广场的尺寸普遍较欧美国家同类型作品更接近建筑，由此导致材料与工艺更接近建筑而不是传统意义上的雕塑，给迁移带来困难；其次，中国公共艺术的大尺寸使其占据城市核心区土地较多，影响所在地的交通系统升级；再次是大尺寸的公共艺术必然高度重视夜景照明，由此带来高耗能与高排放的问题。总而言之，中国公共艺术建设领域的这些现象不但影响了自身的持续健康发展，而且对和谐社会与生态文明的构建造成了阻碍。无论从社会大气候的宏观层面还是从行业发展需要的微观层面，为中国公共艺术摸索出一条现实可行的可持续发展战略都已经势在必行。

当公共艺术领域对绿色建筑理论仍在摸索之时，现代建筑领域对绿色建筑的探索早已如火如荼，在住房和城乡建设部的推动下，"以人为本，低碳节能，节约用地、用水、用材"的绿色建筑原则快速普及，相应理论探索与标准制定不但带动了绿色建筑材料的开发与利用，更提高了人居环境的和谐度。这无疑为公共艺术在全寿命期内的健康可持续发展带来了宝贵的启迪，并为借鉴、依托绿色建筑相关原则实现公共艺术生态规划、设计、施工提供了理论与实践基础。这里可以举一个案例，2012 年 4 月，在美国犹他州科技激励计划（USTAR）的资助下，208000 平方英尺（1 平方英尺 =0.092903 平方米）的索伦森分子生物技术大楼（Sorenson Molecular Biotechnology Bldg）在犹他大学盐湖城校区北部落成（图 5-18～图 5-20）。该大楼在设计中综合运用了多项新技术，包括大面积玻璃幕墙使自然光得以进入 75% 的室内空间；实验室和其他空间设计都是高度灵活化和开放架构的，能够有效促进高级、初级研究人员之间、科学家和行政人员之间的互动与交流；该建筑中的设备能耗减少近 40%，包括多级蒸发冷却系统在内的可持续设备被广泛采用；包括当地石材在内的可再生材料也被广泛采用等，因此该建筑获得美国绿色建筑标准（LEED）的金牌认证。

图 5-18 索伦森分子生物技术大楼 1

图 5-19 索伦森分子生物技术大楼 2

图 5-20 索伦森分子生物技术大楼 3

当然，我们在运用绿色建筑相关原则为公共艺术可持续发展服务的同时，也需要看到绿色建材与公共艺术绿色材料在很多要求上还存在差距。首先，建筑材料使用量大，对单一材料的技术攻关与加工能取得更大规模的效益。相比之下，公共艺术在任何一座城市中数量普遍有限，且由于具有艺术属性，形态以弧线和不规则形为多，难以运用模数化型材。其次，建筑具有经济服务功能，其首要功能在于保障内部人员的生活、工作，因此绿色建筑材料不但强调自身是否具有可循环特性，更侧重于避免冬季内部热量外泄，保证夏季室内温度保存，这是公共艺术材料不需要的。

四、全寿命期理念

全寿命期理念是目前已经在产品设计、建筑设计和其他工程设计领域广泛运用的先进设计理念，不仅强调设计产品或工程项目的形式、功能，还强调设计产品或项目的规划、制造、运营、维护直至回收再利用的全寿命周期过程。大型现代公共艺术在尺寸、结构上越来越具有建筑特征，因此也越来越具有运用全寿命期理念开展规划、创作、施工和管理一体化设计的必要性。运用全寿命期理念有助于我们从时间维度更好地审视一种材料是否真正具有绿色属性。如果一种材料运用于设计过程时价格低廉，但全寿命期内的维护成本大大高于传统材料所需的维护成本，那么这就是与生态审美价值背道而驰的。比如，当前利用废金属焊接成型雕塑被认为具有环保低碳性质，但从长远看，废弃金属的性质必定不如新金属稳定，可能沾染有害物质，还有可能存在"金属疲劳"的现象。因此必须进行表面处理以避免化学物质与雨水、空气发生作用渗入地下，仔细处理接口和转角，以避免伤害公众与游客，这都是导致废旧金属焊接雕塑的全寿命期成本高于新金属加工公共艺术的重要原因。

小　结

通过这一章的学习可以有效掌握对于生态公共艺术设计训练至关重要的材料与相应工艺，各种清洁发电技术以及现代科学理论，在设计训练中可以合理组合、灵活运用，为实现自己的设计方案服务。

章｜测｜试

1. 简述可持续发展理论与生态公共艺术建设的关系。

2. 请归纳生态公共艺术在全寿命周期内需要考虑哪些因素？

第六章

生态公共艺术基础训练——设计方法

公共艺术设计教学应从何处开始？从理论入手，抑或从历史展开？这是一个仁者见仁，智者见智的问题。其实问题也可以不那么复杂，纵观世界范围内的公共艺术杰作，不难发现脍炙人口的公共艺术作品往往首先以优美的形式进入公众的审美视野。因此，掌握正确的设计方法，塑造优美的造型，是承载生态公共艺术生态意义与其他社会主题的首要因素。特别是针对当前国情形成的人才需求、国内公共艺术教学的基础条件等因素，能够为美化环境服务的设计视角公共艺术更为重要。这一章介绍不依赖造型训练的四种公共艺术设计方法，并针对每种设计方法都提供一个较新的实践案例、一个创意训练命题和一份作业点评，以提升学生们在开展生态公共艺术设计训练前的设计技能。

第一节
不依赖造型训练的公共艺术设计方法

著名艺术学者阿诺德·豪泽尔所言:"艺术质量和艺术完成自己任务的先决条件是成功的形式。所有艺术皆自形式始,尽管不以形式终。"雕塑家陈云冈先生也撰文强调:"公共艺术……最终要落脚在造型物上。这个造型物的核心价值体现的是审美而不是其他功能。"的确,没有具有审美价值的造型物,公共艺术只能是空中楼阁,再深奥的艺术观念都无法表达,任何实际功能都无法添加。因此,对公共艺术的学习应当将塑造出一个美的造型物放在首位。

公共艺术作品又与一般的美术作品不同,它们必然置身于广阔的开放空间,要解决复杂的材料、结构和工艺问题,要在与人发生互动的过程中保障安全,这都要求公共艺术作品既是艺术创作的产物,又必须处处体现设计的严谨与巧思。这也是本书强调公共艺术设计而非公共艺术创作的原因所在。虽然世界范围内的公共艺术设计方法与造型手段异彩纷呈,但因艺术创作与设计活动的内在规律使然,在传统的雕塑造型手法之外,应该至少存在四种主要的、易掌握的设计方法,分别是发现与复制的设计方法、图像表达的设计方法、几何美感的设计方法以及像素化的设计方法。这四种设计方法由浅及深、循序渐进。针对每种设计方法,通过对大量经典案例的鉴赏与分析和对创意训练的安排与作业点评,可以使学生在自身原有审美能力、绘画技巧与构成知识的相关基础上,较快地掌握形式优美新颖的公共艺术作品的设计方法。

第二节
发现与复制设计方法案例及创意训练

<big>发</big>现现成品之美并在公共空间中放大表现出来，考验的是设计者发现和复制设计的能力，是对想象力的挑战。从现成品复制入手，可以弥补不同专业学习者立体造型能力不足的问题，只需考虑选择适合的现成立体物品，并了解如何根据环境选择尺寸、组合形式等，即可得到一件形式感完整、与环境相契的作品，从而成为公共艺术教学一个难度适当的切入点。

一、案例：不倒的《平衡》(*Equilibrium*)

2014 年起，韩国釜山松岛沙滩出现了 17 件可爱的蓝色陶瓶，尺寸大致为 1.20m×1.20m×2.30m。这些陶瓶尽管看上去很有重量，实际上却是由 PVC 材料充气工艺制作完成的，只要推倒就会自动回到平衡状态，令游人开心不已。它们的出现使原本只能嬉戏、休闲的海滩变得更具艺术氛围，吸引了更旺的人气（图 6-1 ~ 图 6-4）。

图 6-1　韩国釜山海滩上的《平衡》

图 6-2　《平衡》的细节

图 6-3　作品自重很轻，两个人可以轻松抬走　　　　　　　　　　　　图 6-4　作品适合与游人互动

这些充气陶瓶的作者 Sanitas Studio 是近年来活跃的一个由建筑师和景观设计师组成的韩国景观与艺术工作室。他们的作品往往处于建筑景观和艺术作品中间，结合社会背景、文化研究探寻这一领域艺术设计创新的可能性。具体的作品往往重视与环境的联系以及与公众的交流。

首先，使用陶瓶作为基本元素与韩国的陶瓷历史有关。韩国瓷器受到中国陶瓷很深的影响，又逐渐发展出了自己的特色，出现了高丽青瓷等特色陶器。甚至有人说，"不了解韩国的陶器，就很难理解韩国文化。"同时，釜山又是韩国瓷器重要的产地和贸易港口，因此相比其他场域，当这些充气陶瓶出现在釜山海滩上时，又多了一份历史感。

由于东方国家的历史、文化背景，因此人们在公共艺术作品中注入了更多更深的人文历史内涵。按照设计者的意图，这些陶瓶首先是"不倒翁"，这是由韩国的文化思考与经济现实决定的。在过去几十年间，由于内外因素的影响，韩国经济经过多次兴衰起伏，但总是顽强地复苏，1997 年金融危机就是一例。设计者希望用这种总是能够自动反弹的形象来反映韩国的历史，鼓励人们。但如果向更深层次引申，设计者希望用这种形象强调一系列相对的概念，比如脆弱与牢不可破；传统与现代；过去与现在；室内与室外；抑制与自由；重与轻；静态与动态。从《平衡》的成功来看，在艺术中表达的主题最好尽可能简单，同时引发深层次思考。

总体来看，《平衡》综合采用了现成品公共艺术设计的各种手段，做到将形式美感、艺术氛围和历史思考结合起来，达到了东方国家类似艺术的较高水平（图 6-3 和图 6-4）。

二、创意训练

选择并利用单体现成品进行公共艺术创作设计并非如表面看上去那样轻而易举。每种物体都有其自身的形态特征，只有挑选轮廓富于变化的物体，才更容易得到认可，进而取得成功。另外，公共艺术品要设置在特定的环境中，因此必须根据环境特征选择适当形态的现成品，比如狭长形态就适合于高楼大厦间的狭小地块。在此基础上，根据环境选择现成品进行公共艺术创意训练。

三、作业点评

作品名称：《剪》，作者：天津大学建筑学院建筑学专业 韩工布，指导教师：王鹤（图6-5）。

图6-5 《剪》韩工布，指导教师：王鹤

SCISSORS
剪
设计与人文·当代公共艺术
2014 级建筑学两班 韩工布 指导教师 王鹤

本作品的意象来源于剪刀剪纸的过程，纸面底部与地面平齐，保证结构稳定的同时制造出地面仿佛被掀开的错觉，即将被剪断的黑色铺地营造出视觉的紧张感，适宜的尺寸为艺术品与行人的互动提供了可能。

作品位于一个城市广场的交通节点处，国内大部分广场所处环境的色彩构成较灰暗，色调以灰色和绿色为主。因此在延续了广场的灰色以及黑色铺地的同时，剪刀手柄采用大红的配色，为周围环境提供了一个视觉的焦点。

剪刀下方可供行人通过

手柄下方可供行人坐下

倾斜的路灯增加趣味性

右立面图

正立面图

顶视图

国内广场色调普遍偏灰，缺乏视觉中心

《剪》这件作品对所在广场环境进行了充分调研，以现成品复制为主要设计手段，从剪刀剪纸的行为中寻求创意，以活跃环境并营造轻松氛围。设计者根据国内广场普遍使用的灰色及黑色铺装设计了作品的基地，剪刀的红柄形成强烈的视觉反差，结构上与地面垂直，在保证结构稳定的同时制造出地面被掀开的错觉，即将被剪断的黑色铺地则营造出视觉紧迫感。作品尺寸与广场面积契合程度高，正确设置角度，未阻碍交通流线，还促进了公众与作品的互动。作品还成功地营造出轻松的氛围，活化广场环境，可以认为已经成功传达出合理适度的主题意义。不足之处在于仅考虑了剪刀柄能提供有限的乘坐空间，在功能便利性上有进一步挖掘的空间，比如卷起的地面可以带有一定的游乐功能，剪刀本身可以带有一定的夜间照明功能。

第三节
图像表达设计方法案例及创意训练

图像表达也是重要的公共艺术创作设计方法之一。在世界范围内有很多画家介入公共空间的立体造型创作，并取得不菲的成绩，艺术大师毕加索、美国青年艺术家基斯·哈林、日本艺术家关根伸夫和新宫晋就是其中的代表人物。这些画家以深厚的绘画素养为基础，对特定的二维绘画中的主要形式加以提炼整合，并依托适当的载体将其布置在公共空间中，作品在特定角度具有优美的形式感，并在一定程度上对基地环境有所考虑。对学习者而言，这一环节是从二维绘画转向三维艺术创作的一个很好的过渡，在难度和功能上都具有承上启下的作用。学生应根据讲授内容，积极运用创意思维，熟练掌握多种将二维图像转换为三维立体形态的设计方法，并能根据环境特点加以熟练运用。

一、案例：这一刻，我们都是卡迪夫人——《海滩上的肖像画》

英国威尔士的首府卡迪夫是英国近年来公共艺术建设热潮的集中体现之地。但相比于英格兰和苏格兰竞相打造的巨型公共艺术，如《北方天使》《Kelpies》等，威尔士特别是卡迪夫的公共艺术打造策略则显得更为灵活和亲民，这些作品尺寸普遍较小，位置更为随机和普通，因此与社区和普通公众的关系更紧密。

2010 年，由威尔士艺术家创作的二维公共艺术《海滩上的肖像画》落成于卡迪夫海岸边一座新开放的桥上。这件作品由三位有代表意义的卡迪夫公民的形象与一个可供休息的长凳组成。三人左边的是卡迪夫自行车慈善机构的奠基者西比尔·威廉姆斯（Sybil Williams），右边的是冰球运动员杰森·斯通（Jason Stone），中间的是小学生，年仅 10 岁的拉迪亚·哈里斯（Lydia Harris）（图 6-6 和图 6-7）。选择杰出人物和普通公众的形象作为艺术的表现对象，而不仅是歌颂英雄伟人，是公共艺术的时代特点之一，这种方式有效地加强了作品与社区的心灵联系，能够得到更多公众的认可。

图 6-6 《海滩上的肖像画》一侧

图 6-7 《海滩上的肖像画》另一侧

这件作品选择了典型的二维负形设计方法，更接近绘画，这为作品带来了很多独特之处。首先，形象非常真实逼真，使人们很容易辨认出来，达到设计目的。其次，这种方式节省了空间、材料与资金，提高了项目效率。最后，这种负形手法在一定程度上克服了剪影手法只能从一个角度欣赏的弊端，人们从两侧都可以看到同样的图像（图 6-8）。放在海滨环境下，相对纯净的背景也助力了作品效果的发挥。公民形象与长凳的综合布置一方面丰富了功能，另一方面也为相对单薄的作品提供了坚固的支撑。这些都反映出新时代，剪影负形公共艺术在针对特定环境（如滨水环境）和特定要素制约（如资金、占地限制）下所具有的旺盛生命力。

图 6-8 游人与作品合影

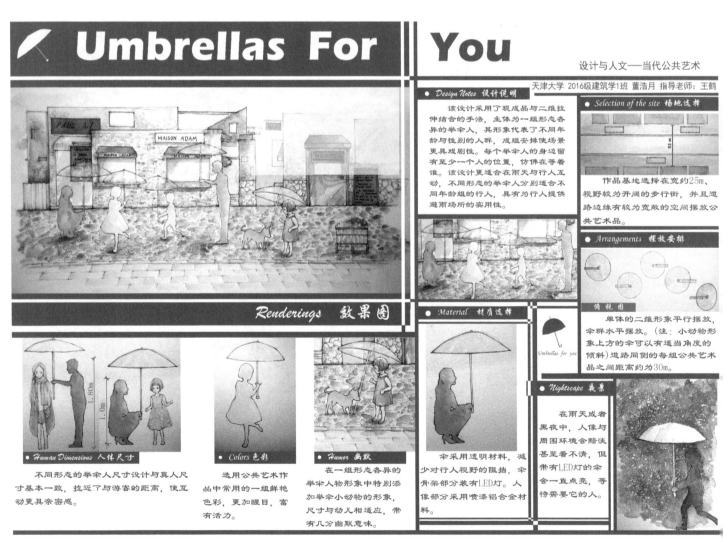

二、创意训练

作为二维公共艺术中的主要类型，剪影型公共艺术利用物体最容易为视觉把握的侧面形状加以表现，能够直白地传达信息，符合现代社会的心理需求。但是单纯的剪影只适合于从特定角度观看，对布置地点有较高要求。要求在作品相互垂直的不同立面都使用剪影式手法，以保证作品在水平与垂直两个视角的最佳观赏效果，也可不同程度地兼顾其他视角，从而提高作品的表现力。

三、作业点评

作品名称： *Umbrellas For You*，作者：天津大学建筑学院建筑学专业　董皓月，指导教师：王鹤（图6-9）。

图 6-9　*Umbrellas For You*，董皓月，指导教师：王鹤

该方案的选址位于步行街，从步行街的特点与功能需求出发，选用了不同年龄、性别的人物剪影形象，撑起的伞为公众提供简单的避雨、休息功能。人物采用与步行街平行布置，不阻碍交通流线，具有环境契合上的合理性。不同人物剪影形象配合以鲜艳的色彩，营造出温馨的感受。不足之处在于没有利用水体或其他手段限制人们的观赏角度，安全性也不理想。另外，表现上的手绘很有韵味，但缺少一些必要的设计要素，有待今后完善。

第四节
几何美感设计方法案例及创意训练

作为公共艺术大家族中的重要分支，构成型公共艺术是构成主义艺术在公共空间的延伸。这些作品摒弃了对具象事物的表现，直接按照视觉规律、力学原理、心理特征、审美法则，将一定的形态元素如点、线、面、体进行创造性组合，从而产生富有意味的形态。由于其自身特点与时代需求，构成型公共艺术在世界范围内得到广泛普及。

在进行构成型公共艺术设计方法的学习之前，艺术设计专业的学生应当已经具有平面与立体构成课程打下的坚实基础。因此这一部分以立体构成教学中常见的内容展开，并结合有较大影响力的经典公共艺术作品为实际案例，辅之以环境、材料、工艺等知识点讲解，要求学生能够将构成法则活学活用，并具有针对环境特点展开设计的能力。

一、案例：跃动的不羁——《表意符号》

詹姆斯·罗萨蒂（James Rosati）（图6-10）是美国现代雕塑奠基人戴维·史密斯的弟子，其在造型元素的运用上也继承了后者的思路并有所发展。《表意符号》（图6-11）就是这样一件位于美国纽约市世界贸易中心的大型公共艺术作品，大尺寸的不锈钢长方体与周边横平竖直的现代派建筑有所呼应，但其充满跃动感的布置方式又彰显着艺术的不羁。该作品在各个角度都实现了经典的不对称均衡，也是极少主义风格的公共艺术中相当具有欣赏性的作品。

图6-10　詹姆斯·罗萨蒂

要正确欣赏《表意符号》，就需要了解不对称的均衡以及"有倾向性的张力"。对称是点、线、面在上下或左右有同一部分反复而形成的图形，它表现了力的均衡，是表现平衡的完美形态。对称给人的感觉是有秩序、庄严肃穆，呈现一种安静平和的美。但完全对称也会给人以呆板、静止和单调的感觉。因此，在艺术中往往追求不完全对称但是在轴线两边的形体面积相近的均衡感。对称与均衡也由此组合成为一条重要的形式美法则（图6-12）。

图6-11　现代都市中的《表意符号》　　　　图6-12　《表意符号》侧视图

在对称与均衡的具体关系上，一般来说对称的形象、形体必然是均衡的，但均衡的形象、形体不一定是对称的。在平面设计或服装设计中，设计师追求的往往是视觉上的均衡，对公共艺术创作来说，当作者采用不对称构图后，往往还要实现各个角度上物理意义上的均衡，从而降低作品的工艺难度，避免个别节点受力过大以提高安全性（图6-13）。

最后，从《表意符号》上我们也可以看到，尽管美国在不锈钢材质大型公共艺术的加工处理上有很高水平，也是公共艺术建设机制"百分比艺术"的诞生地，但美国艺术家从史密斯传承下来的传统更注重形体本身，而不像其他国家的构成艺术家那样对于运用鲜艳色彩更为关注（图6-14）。

图6-13 《表意符号》模型

图6-14 《表意符号》夜景

二、创意训练

正确运用渐变、对比、均衡等形式美法则，运用点、线、面等基本元素，结合具体环境设计公共艺术作品，要求形式优美，并具有功能和一定的主题意义。

三、作业点评

作品名称：《框》，作者：天津大学建筑学院城乡规划专业　翁童曦，指导教师：王鹤（图6-15和图6-16）。

《框》的方案以方形框架结构为基本元素，选用了典型的重复法则进行构型，较为完整地运用了在立体构成训练阶段的成果，形成重复与均衡美感的造型。作者力求让作品表达出自然韵味，从而适应所在福建省莆田市九龙谷森林公园的地形与人文内涵。方案不足之处在于对设计意图挖掘不够，虽然构成型艺术不以主题表达见长，但尽力从数理逻辑或形态近似联想的角度去深化主题应当成为设计初衷之一。就表现来看，作品选用了传统的实体模型建构方式，效果真实，但没有处理好与人体尺寸的关系，有待今后改进。

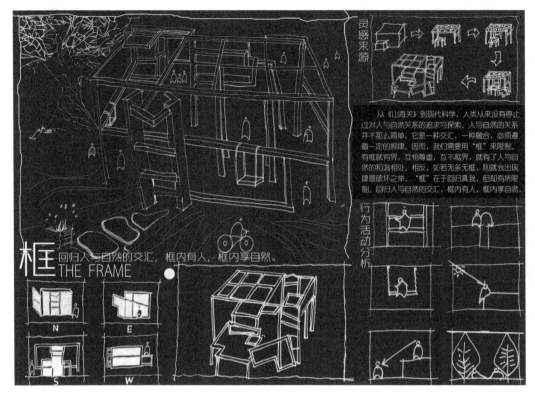

图 6-15 《框》1

图 6-16 《框》2

第五节
像素化设计方法案例及创意训练

像素化是一种框架高度开放的公共艺术表现手段，甚至于很多艺术并不一定是像素本身，而更多的是一种使用基本形态一致的元素进行组合、搭接、变形的设计方法。这既在一定程度上限制了设计师的手法，但又提供了进入具象艺术领域的低门槛。运用这种方法能够帮助画家和建筑师完成传统上只有雕塑家才能完成的三维作品（尽管还原度有所下降），因此成为现成品复制、二维剪影、构成等三种传统公共艺术手法之外的新选择。这种方法在教学实践中取得了很新颖的成效。

一、案例："X"世代的创造者——《数字虎鲸》

位于加拿大不列颠哥伦比亚省的温哥华会展中心（The Vancouver Convention Centre）的《数字虎鲸》是一件尺寸适中，与传统景观雕塑更为接近的像素化作品。《数字虎鲸》是近年来新颖造型方式不断涌现、跨学科艺术家广泛进入公共艺术设计领域的例证。温哥华会展中心属于不列颠哥伦比亚省政府，2009年该会展中心的西侧进行了扩建，展览面积大为扩大。在这一过程中，一系列立足现代、海洋和加拿大本土文化的公共艺术落成。位于杰克普尔广场（Jack Poole Plaza）的《数字虎鲸》就是其中之一，也是最负盛名的一件作品（图6-17）。

图6-17 《数字虎鲸》

　　这是一件运用类似乐高积木式构型方法完成的虎鲸，采用了跃出水面的经典姿态，位于会展中心滨海的大面积硬铺装平台上。虎鲸作为一种既具有攻击性，又有魅力外表的海洋哺乳动物，是不列颠哥伦比亚省重要的海生动物。作品位于此地，从文化氛围上十分契合（图6-18），加以新颖的视觉形式，引得游人纷纷与之合影，在媒体上的曝光率也极高（图6-19）。至于这种新颖的方式，其实来自一位有着作家名声的艺术家——道格拉斯·科普兰（Douglas Coupland）(图6-20）。

　　近年来，科普兰进军公共艺术领域，并完成了《黄金树》《无限轮胎》《海狸水坝》等一系列公共艺术作品。他的公共艺术作品都体现出造型方式新颖，贴合加拿大本土文化与后现代美学的特点。但最主要的是，《数字虎鲸》本身采用的类似乐高积木的造型方式，应当称之为对虎鲸形象的立体像素化处理更确切，这是一种对造型技巧要求低，与时代环境契合度高，受众更广泛的新颖造型方法，也在各国引起了广泛的追捧与模仿。

图6-18 《数字虎鲸》与会展中心的环境十分协调

图 6-19　《数字虎鲸》另一视角

图 6-20　创作中的科普兰

二、创意训练

运用手边能够找到的乐高玩具或其他类型的积木，尝试从简单的几何图形到复杂的具象造型的构建尝试，要求具有突出的形式美感，注意三维效果和色彩搭配。

三、作业点评

作品名称：《流年光影》，作者：天津大学建筑学院环境设计专业　张佩佩，指导教师：王鹤（图 6-21）。

该方案完全基于积木展开，针对校园环境，帮助使用者体会儿时乐趣。在色彩上改换乐高积木原有的色彩，换用半透明材质，在色彩上实现统一，同时便于实现夜间照明。形式感较为突出，对形体的穿插、扭转、组合过程交代得十分清晰。同时根据人体工程学增加了休憩、游乐、运动等相应功能，与公众形成良好互动。其不足之处在于形式还可以更丰富，而且在主题挖掘上还应进一步努力，以突出像素化公共艺术的优点。

流 年 光 影
——休憩亭设计

设计说明:

在大学校园这样一个充满年轻活力的环境里设计一个能容入这个环境中并具有使用功能的多功能公共艺术作品。构思上利用儿时的乐高玩具进行组合、变形来设计。这样的公共艺术作品既具有儿时的乐趣性,让我们在学习的同时也能放松身心,同时也具有形式美。在设计上抛开了乐高本身绚丽的色彩,选择半透明材质,在颜色上形成统一,夜晚会有暖黄色灯效的配合,给校园添加一丝浪漫情怀,更增添了一件公共艺术作品的艺术性。在参观与欣赏这件公共艺术作品的同时,根据人体尺寸也添加了使用功能,学生在这里休憩、玩耍、运动,体现了现代公共建筑的互动性。

演变过程:

单体穿插 → 穿插变形 → 扭曲组合

互动性解析:

根据对人体尺寸的考量,在设计时对高度进行控制,学生可以在其中穿行,方向和视野都比较开阔,是一个很具有开放性的空间组合。

在这里不仅可以休憩、嬉闹、玩耍,同时也可以锻炼身体,根据不同的高度进行拉伸运动,也可以达到锻炼身体的作用。

在公共艺术设计的过程中结合了座椅的功能,有适合单人坐的,也有适合双人结伴休息的,在设计上也体现出了人性化。

夜色·浪漫

学生:张佩佩
专业:环境设计
指导老师:王鹤

图 6-21 《流年光影》,张佩佩,指导教师:王鹤

小　结

通过现成品复制、二维、构成和像素化四种公共艺术设计方法的学习与基础训练，可以使学生更好地掌握借助建模工具进行造型的合理方法，为生态公共艺术设计训练奠定基础，有效提升教学质量。

章 | 测 | 试

1. 均衡型的构成公共艺术在设计过程中最需要注意什么？
2. 谈谈你对像素化这种新兴设计手法优缺点的理解。

第七章

生态公共艺术专题训练——原生态材料型

在公共艺术设计中如何使用原生态材料，从来不是一个单纯的材料问题。如果从宏观生态环境的角度看，生态公共艺术作品不但应在落成后具有生态审美价值，在其材料的开采和加工过程中也必须善待环境。而且，整体原则是可持续发展的重要原则之一，加工地的环境和作品最终落成地的环境应当得到一致对待。这就要求学生们扎实掌握本书前面章节中的基础知识，才能对原生态材料运用自如。

第一节
原生态材料公共艺术设计案例解析——
上海静安雕塑公园《火焰》

作品介绍：静安雕塑公园的国际化是进行可持续发展公共艺术建设的重要契机。在国际上以非传统和争议性著称的比利时 70 后艺术家阿纳·奎兹（Arne Quinze）在静安雕塑公园公共艺术建设中发挥了重要作用。阿纳·奎兹注重观念探索和跨界艺术语言表达，被誉为先锋派艺术家。其最为大众所了解的标志性风格就是用木材搭建的装置雕塑，这些作品既有建筑的厚重，又有雕塑的灵动。经过一段时间的考察，结合自己对中国的了解，他在这里完成了我国当代生态公共艺术的代表作《火焰》（图 7-1 和图 7-2）。《火焰》的落成预示着越来越多的欧美一线艺术家开始来到我国进行与欧美同步的创作与实验，还证明了我国经济快速发展和文化氛围开放的力量。

图 7-1　位于静安雕塑公园的《火焰》

图 7-2　作品另一视角

生态属性：《火焰》看上去与许多公园里具有遮阳功能的长廊类似，但并不规整，它更像是大量纷乱的红色木条随意搭建而成的，但细看之下，这些木条内部似乎又有着严谨的逻辑，保持着极高的坚固度。特别是以木材为基本材料除了呼应形式和功能，还与上海世博会"城市，让生活更美好"的主题相呼应，注重环保、可回收、可持续发展。虽然作品在几个月后拆除，但仍能引起人们持久的关注。

环境契合度：静安雕塑公园是上海市中心一个开放式的城市公园，也是目前上海唯一的雕塑公园。作品位于上海市中心城区静安区东部，东至成都北路，依托交通主干道南北高架路与上海各区域形成紧密联系；南至北京西路；西至石门二路；北至山海关路，与苏州河相邻。总占地面积约为 6.5 万平方米，是上海市民游憩、休闲和接受艺术熏陶的重要活动场所。总体来看，作者根据公园休闲氛围和绿地偏多的具体环境，结合世博会环保主题和中国传统文化背景，完成了这件典型的公园公共艺术作品，环境契合度高。

形式美感：从形式上说，以单一元素进行组合，但产生这种"崩溃边缘的平衡效果"是当代公共艺术实践中广泛采用的形式语言，能够适应多种环境。作者对作品的解释是，中国人口众多，但能从一个贫困国家发展到今天的繁荣，团结必不可少，这正像作品中大量木条组构成坚固的结构一样。作品鲜艳的红色与公园中大量的绿地形成鲜明对比，唤起人们的激情，同时也呼应着红色在中国传统文化中的重要地位。虽然这件作品"别具一格"的形式可能有很多人不接受，但阿纳·奎兹的作品是以引发争议而著称的。这些作品拆除或搬迁后又总会引起当地人们的怀念（图 7-3）。

功能便利性：作品落成于公园小径旁，充分满足公园游人休憩、遮阳等实际需求，功能便利性突出。

教学范例意义：作品选用木条作为基本元素，通过大量运用来化解木条强度不高的不足，并提升视觉效果，实现遮阳和休闲的功能，总体施工难度不高，维护简便，具有比较突出的教学范例意义。

图 7-3　阿纳·奎兹在其他城市的类似作品

第二节
科技型生态公共艺术
设计训练案例解析

下面列举五份各方面要素都比较完整的作业，进行深度案例解析，通过生态属性、环境契合度、形式美感、功能便利性和图样表达五个分值点（满分为 10 分）进行考核评价，以全面呈现教学训练成果。

案例 1：《*Growing*》，天津大学建筑学院建筑学专业　梁嘉何，指导教师：王鹤

作品介绍：该方案立意清晰，立足生态公共艺术与互动公共艺术的结合，选用带有植物图形的镂空板材为基础元素，建立了一种可动的推拉机制，完全实现了设计初衷。墙体尺寸保持在 6000mm×2400mm×200mm，一些墙为了观景效果可以加宽。出于安全性考虑，部分可推拉的墙体经过增重处理。材质选用考登钢，进行喷漆处理。主要生态概念是让人驻足，透过墙体感受到"生长"与"自然"。

生态属性：8 分。该方案使用的板材是废旧钢材回收而来，符合生态可循环材料的要求。通过形式与互动机制进一步深化生态属性，挖掘人文主题，也是比较成功的选择。

环境契合度：8 分。该方案环境契合度高，特别是主要结构的推拉特性完全基于与环境和人流互动而展开。作者在推拉机制设立上的创意体现得最为鲜明。一开始作者设定为可自由推拉，虽然互动性更强，但安全性很难保证，在不专业甚至粗暴的推拉下，作品的寿命也受到影响。经过与指导教师的反复沟通，作者最终设定了由工作人员预先推拉固定的形式，设定工作日和节假日两种模式，特别是节假日出口更宽，交通流线更为简单，安全性上得到了更为充足的考虑。

形式美感：9 分。方案运用植物图案的镂空效果实现初步的形式美感，特别是在色彩上并没有选用基于理性分析的颜色模型，而是从毕加索的名画《梦》中寻求灵感，更为自由和富有艺术气息。

　　功能便利性：6分。方案主要考虑推拉机制的实现，这也可以理解为一种娱乐、游戏功能的实现。

　　图纸表达：7分。该方案排版上经过多次修改，第一版总体颜色灰暗，细节不完整。经过修改后，整体变为两张图纸，增加了细节说明，图的关系更为合理，成功体现了教学效果。

工作日效果图　　　　　　　　　　　梁嘉何 建筑学院 建筑系 3017206038 指导教师：王鹤

关于材料

收集废弃钢材进行二次加工，并在钢材上进行喷漆，对环境友好的同时达到艺术效果。

关于交通流线

在工作日时，流线更为曲折，过道也更为狭窄，营造出更多的小空间，供人停留驻足。节假日相对于工作日人流量更大，交通流线更为简单，出口和过道更宽，供人彼此间交流的大空间变多。

关于色彩

颜色取自知名艺术家毕加索的名画——《梦》，用独特的表现手法给观着更多的想象空间和思维自由性。

工作日平面图

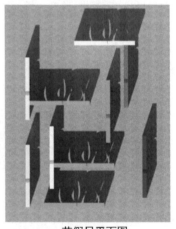

节假日平面图

推拉机制

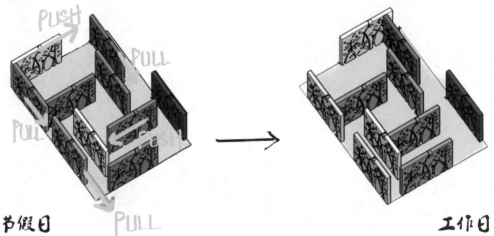

节假日　　　　　　　　　　　　工作日

图 7-5 《GROWING》2

案例 2：《共生》，天津大学建筑学院建筑学专业　林潇云，指导教师：王鹤

作品介绍： 该方案以为流浪猫狗提供庇护所为设计出发点，运用木质材料体现生态属性，运用空间镶嵌原理实现可以无限扩展的几何体，并有大小两种模块分别契合人和猫的尺寸，达到人和小动物和谐共处的目的。

生态属性： 8分。社会的演进总是在不断更新着对生态概念的阐释，不断增加着新的生态功能，《共生》就是一例。大城市包括校园中随处可见流浪猫狗的现象近年来越发普遍，也更容易得到年轻学生们的注意与重视，珍爱生命，提供人道主义帮助，无疑也是一种生态意义的体现。作品中对木材的使用，完全可以实现如作者所说"制造出更贴近生态的空间氛围"。

环境契合度： 8分。该方案在布置上贴近近年来临时性生态公共艺术日渐增多的趋势。建构逻辑上采用了每个单元结构均独立的机制，便于拆装与运输，从而可以根据不同场地的需求进行单元增减，减少了对场地的长时间占用，既能物尽其用，又降低了作品与场地功能长时间相处后的矛盾。这些场地也不是随机的，都是流浪猫狗比较集中之地，从这一点上说，作品的环境契合度比较理想。

图7-6　《共生》1

本方案灵感来源于校园内随处可见的流浪猫，这些流浪猫集中在校内的几处场所，但缺少一个正式的居所。方案采用尺寸相异的几何单元作为原型，利用镶嵌的手法进行组合，形成不同尺寸的空间，旨在生成人与猫能够和谐共生的空间环境，并为校园内的流浪猫提供居所。故该装置的场地并不唯一，而是选定于流浪猫集中活动的几处场所之中。图纸中平面图与总平面图所示场地为上图星标位置。

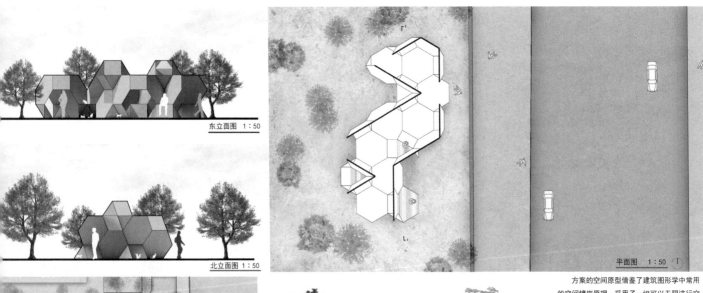

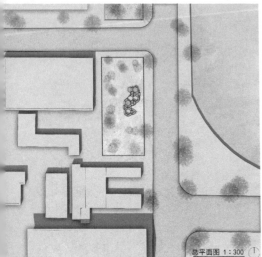

方案的空间原型借鉴了建筑图形学中常用的空间镶嵌原理，采用了一组可以无限进行空间镶嵌的几何体，通过尺寸的适度调整，令较大的单元契合人的适用尺寸，而小单元又可提供猫的停留、活动空间，达到人与猫在装置中和谐共生的目的。

装置整体使用木板与半透明玻璃两种材料，其中木材能够制造出更加贴近生态的空间氛围，产生亲切感。而部分面使用的半透明玻璃解决了装置内部的采光问题，也增强了装置内外的视线交流。

装置中的各个单元结构均独立，便于组装与拆卸。由于该装置的场地并不唯一，故可根据不同场地需求，将组成单元进行适当的增减，以构成独特的空间效果。

图 7-7 《共生》2

形式美感：9分。在形式美感中，基于几何元素的渐变、对称、均衡等形式美法则是最容易掌握且受众面最广的，容易使公众感受到和谐、匀称的美感。就如该方案一样，形式感突出，成功率高。

功能便利性：6分。如同当代社会对生态概念的理解在不断深化一样，对于公共艺术便利性功能的认识也在发生着变化。传统公共艺术还只能实现乘坐、休息等功能，2010年后的公共艺术已经在声光电互动技术的助推下，实现了不同认知层面上的娱乐、休闲和信息获取功能。该方案也是一样，对流浪狼狗的爱护体现着整个社会的进步，因此为动物服务从一定程度上应当与为人服务实现的功能同等看待。

图纸表达：9分。该方案底色淡雅，平面图、立面图标注清晰，功能示意明确，几乎没有多余的内容，充分实现设计初衷。尽管排版特色可能并不鲜明，但除此以外几乎没有缺点，可作为教学的范例（图7-6和图7-7）。

案例3:《回归森林》,天津大学建筑学院城乡规划学专业 吴嘉琦,指导教师:王鹤

作品介绍:该方案针对大学校园内自行车存放处不美观、不实用的现实状况,利用植物细胞壁的形式作为出发点,结合木质原生态材料与玻璃,设计出既美观又实用的自行车存放架,还营造出丰富的光影变化,成功提升了环境品质。

生态属性:8分。方案从整体看,能够针对生态主题另辟蹊径,通过在都市人工环境中表现微观自然形象,以讴歌生命和环境之美的方式来正面表达生态保护的意义,取得了很好的效果。

环境契合度:8分。该方案选址天津大学生命科学学院门前,和细胞壁的形式形成呼应,同时该场地对自行车存放架有较高需求,环境契合度较高。

图7-8 《回归森林》

形式美感：8分。设计者在设计构思中阐述这一环境与所选择艺术形式之间的关系：利用细胞壁结构，充分展现生物结构的美感。通过绿色磨砂玻璃的光线像森林里的漫反射一样，让人在其中能够充分沐浴阳光，好像回到森林。周围的树木在落叶时更是能够给人一种热带雨林的错觉感，充满了结构的诗意和设计的韵律。因此此作品总体视觉美感比较突出。

功能便利性：8分。方案注重与环境的关系并提供自行车存放和遮阳休憩的实际功能，符合优秀公共艺术作品的评价标准。

图纸表达：8分。图纸在整体表达效果理想之外，还是在一些细节上存在不足，如说明文字中感性描述多，理性分析少；排版显得上部效果图太大，下部内容过挤，其实沿用一开始的竖幅排版会更理想；效果图的投影等细节处理有待完善，这都制约了设计意图的表达，应当成为今后改进的重点（图7-8）。

案例4：《温暖的汤勺》，天津大学建筑学院环境设计专业　崔璨，指导教师：王鹤

作品介绍：该方案选取了典型的现成品设计方法，运用原生态材料对传统的木质汤勺进行拉伸、变形，形成具有照明、遮阳、挡雨和休息功能的公共艺术化设施，造型容易得到人们认可，效果十分理想。

生态属性：8分。该方案对生态的设想比较传统，特别是对木材的合理运用充分实现设计初衷。另外，集成到外壳的太阳能电池板与内部的照明光源都比较合理，特别是考虑了晚间的照明效果，符合当前都市或校园中主要人群的现实心理需求。

环境契合度：7分。在小作业阶段并未明确要求在特定环境中开展设计。但是目前看来，该作品与环境契合度有较大不足，特别是需要更好地解释汤勺与周边环境的文化联结。

形式美感：8分。方案运用汤勺现成品造型，容易实现理想的形式美感。色泽、肌理处理得比较理想，但是需要注意该作品目前上大下小，或者说头重脚轻的造型，对安放地点、结构强度都提出了更高的要求。

功能便利性：7分。方案对于公共空间中的照明和乘坐、休息功能需求考虑得比较充分，便利性较高。

图纸表达：8分。作者主要以马克笔作为表现手段，突出了手绘对比强烈、肌理清晰，色调更富于艺术化和个人化的优点，展现出自身特色，也展现出手绘在一年级公共艺术设计训练中不可替代的地位（图7-9）。

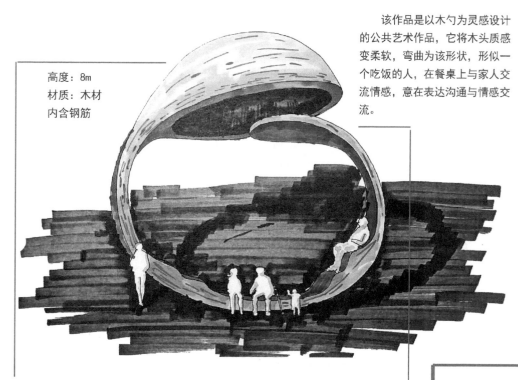

该作品是以木勺为灵感设计的公共艺术作品，它将木头质感变柔软，弯曲为该形状，形似一个吃饭的人，在餐桌上与家人交流情感，意在表达沟通与情感交流。

高度：8m
材质：木材
内含钢筋

勺头

太阳能供能

木勺柄

汤勺上部安装了太阳能电池，可供晚上使用。勺柄上有一个大灯，发暖光，可在夜晚发光并反射在勺内，再由勺头照射在地面上，使光范围扩大而不会刺眼。该设计给人一种温暖的感觉，到晚上可以吸引更多人，温柔的灯光可使人们在一天的疲劳后得到更多的休息和放松。

温暖的汤勺

木勺底部

木勺底部可以坐人，两侧设计为波浪形方便人们攀爬靠坐。

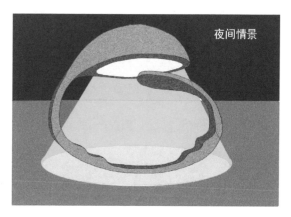

夜间情景

崔璨
环境设计　大一
3016206133
老师：王鹤

图 7-9 《温暖的汤勺》

案例5:《光之甬道》,天津大学建筑学院建筑学专业　顾家溪,指导教师:王鹤

作品介绍:该方案运用废旧白色塑料管材作为基本材料,基于建筑学的知识体系,搭建符合形式美感的四面生态墙,既美化环境,又为儿童提供游乐之所,还为成人提供了更多的交流空间,形式优美,充分达到训练目的。

图 7-10　《光之甬道》

光之甬道
THE CORRIDOR OF LIGHT

建筑学院　建筑学甲班　顾家溪　3017206007　指导教师　王鹤

设计与人文——当代公共艺术
生态公共艺术概念设计

设计说明

　　甬道,也称通道,指楼房之间有棚顶的通道。

　　垒砌而成的管道,不仅是光的通路,还是人与自然相联结的通路,人与人相联结的**通路**。

　　本设计通过将回收利用的塑料管材堆砌成一面虚实相间的生态墙,为参观者创设一处独特的**交流场所**,同时蕴含着对人与自然关系的反思。

　　具体而言,现代文明背景下,白色污染带来的生态问题有目共睹,对塑料制品的再利用成为许多人关注的问题之一。除了回归工业生产,我们还可以将其回收并引入日常生活,如公园绿地中的这一生态装置。这样一个公共艺术作品,首先具有一定的**使用功能**,作为一处公园景观,它对空间进行限定,人们可以**漫步其中**,墙上的孔洞为人们**偶然的交流提供**可能,儿童也可以**嬉戏其间**,而部分塑料管中的花草也美化了环境。其次,四面生态墙将树木围合其中,由于**墙体通透**,内外景色相互渗透,自然草木与工业制品相互交融、**和谐共生**,暗含经济发展与爱护自然并重的寓意。

单体测立面图　　　　　　単体正立面图

　　所有单个塑料管底面直径与高之比相同,墙体一面平整、一面凹凸起伏,凹凸起伏一侧加装金属管材,既加固整体结构,又作为滴溉系统的一部分用以维护墙上花草。白色塑料结构采用回收的热塑性聚乙烯材料。

轴测图　　　　　　　　　总平面图

交互方式

树下独思,感受光影空间

随性踱步,欣赏绿植景观

一"墙"之隔,独特互动感受

生态属性：8 分。作品采用回收的热塑性聚乙烯材料，便于收集，将其用来制作公共艺术作品比任由其污染环境有更大的价值。不足之处在于作品的材料必须根据形式美感加以选择，落成后也需要勤加维护。即使如此，作品的寿命也有限，实际上如果能与墙体等永久性的结构结合布置，效果可能会更理想。

环境契合度：6 分。在小训练阶段，并没有对环境契合度有太高的要求，不过作者还是通过图纸表达了希望作品设置在公园草地等环境的想法。

形式美感：7 分。方案便于和植物紧密结合，形式优美，功能性强，综合实现生态公共艺术的设计初衷。作者对技术细节也有考虑，管材截面凹凸一侧利用金属管架加固，兼作墙上花草的灌溉系统，可行度高。

功能便利性：6 分。该方案构想的功能相对有限，供人休息、漫步甚至种养花草的功能不如太阳能发电、标识信息、改善空气质量等功能高端，不过相对于作品低廉的成本，这样的功能比较恰当，费效比很高。

图纸表达：8 分。图纸底色比较淡雅，与生态主题较为契合，效果图并未追求炫目效果，而是较为平实地展示了方案各个视角与独特之处。设计说明尤其具有文艺风格，加深了人们对作品的印象，部分重点还加以标注，重视信息传达的效率，总体提升了图纸效果（图 7-10）。

第三节
原生态材料生态公共艺术
设计训练要点及示例

本章节主要介绍部分优点和缺点同样鲜明的学生作品案例来指出训练中易犯的错误，从而增强教学效果。重点列举五位学生的作品，在介绍方案并肯定优点的同时，重点指出不足之处，以便为后来参与生态公共艺术设计训练的学生提供警醒与帮助。

案例 1：《圣母海洋教堂公共空间设计》，天津大学建筑学院建筑学专业　高悦，指导教师：王鹤

　　该方案设计场地选在了巴塞罗那老城区圣母海洋教堂南入口前面的空地，作者曾在巴塞罗那作为交换生学习，对于周边环境比较了解。作者认为圣母海洋教堂是巴塞罗那老城区的一座标志性教堂，由于其建造精美，每天有很多人前来祈祷或是参观，但是因为教堂没有做无障碍设计，为残疾人和推婴儿车的人们带来不便。该方案选用木质材料，在教堂入口前的小广场上建一个圆形花坛围合场地现有树木，使树的周围成为人们聚集的空间，并使得无障碍坡道围绕花坛而进入教堂，从而改善坡道过长带来的不良体验。方案不但能为老城区带来绿色植物和新鲜的空气，同时还通过引进街头艺人来激活这个消极空间，为此作者选择的形式是几个圆环嵌套，围合出适合街头艺人演出停留的场所。方案总体比较完整，特别是对环境调研充分，图样表现尤其值得称道。

　　不足之处：对公共艺术的功能性强调过多，对艺术深度挖掘不够，主题显得弱化（图 7-11）。

图 7-11 《圣母海洋教堂公共空间设计》

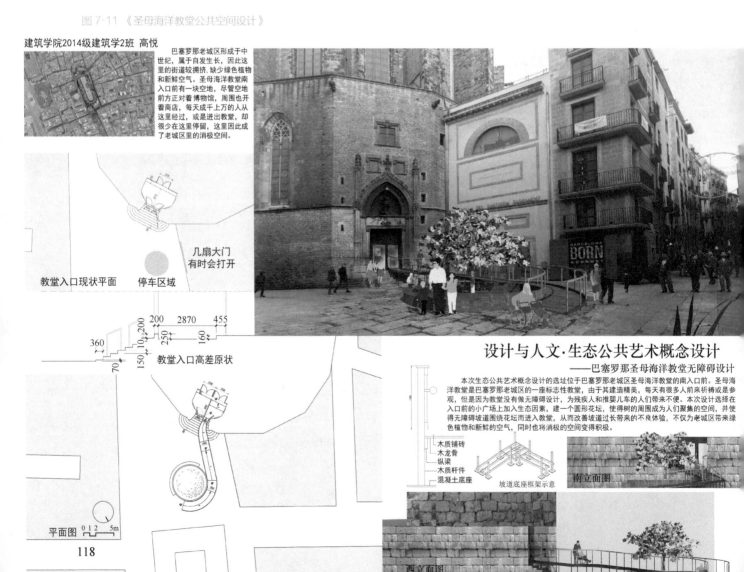

案例 2：《公共艺术读书篇》，天津大学建筑学院建筑学专业　孙布尔，指导教师：王鹤

优点： 该公共艺术作品针对图书馆这一属性鲜明的场地设计，充分利用二维厚度拉伸和像素化设计方法，直白呈现"Book"形式，色彩鲜艳，点明主题，烘托气氛，提升环境品质。作品还充分考虑到不同休憩需求，并利用示意图表示，具有较丰富的功能便利性。在材质上使用废旧回收钢材，以实现材料的可循环属性。同时顶部铺设太阳能电池板，满足自身照明需求，提升生态属性。

不足之处： 字母与单词选择与场地的深层意义契合度不足，废旧钢材的循环利用没有清晰体现过程，而是流于形式，有待进一步改进（图 7-12）。

公共艺术读书篇

生态公共艺术概念设计　姓名：孙布尔
学号：3016206055　指导教师：王鹤

设计概念

场地分析

生态观念

图 7-12 《公共艺术读书篇》

案例 3 :《木质沿河波动步道》,天津大学建筑学院环境设计专业 张维,指导教师:王鹤

优点:该方案选址准确,对基地周边环境调研充分,充分参照世界范围沿线景观艺术设计精髓,根据线性空间特点和海河下游文化内涵,注重了融入性、体系性等当前沿河景观设计的新动向。木质步道根据环境行为心理学相关原理设计,变化丰富,充分考虑人群需求,材质体现较鲜明的生态特征,且能与座椅通用,步道间隙还能布置植物,进一步提升生态意义。

不足之处:形式感不够丰富,配合使用的二维公共艺术人像色彩、尺寸均难以达到要求,影响整体效果(图 7-13 和图 7-14)。

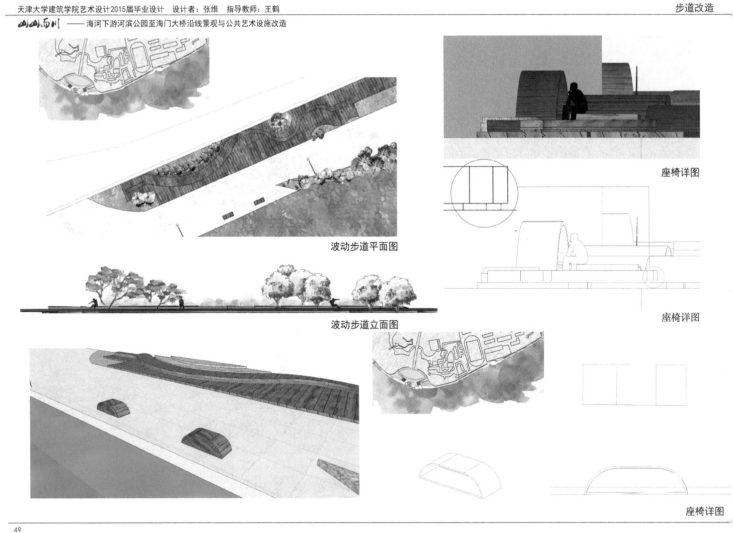

图 7-13 《木质沿河波动步道》1

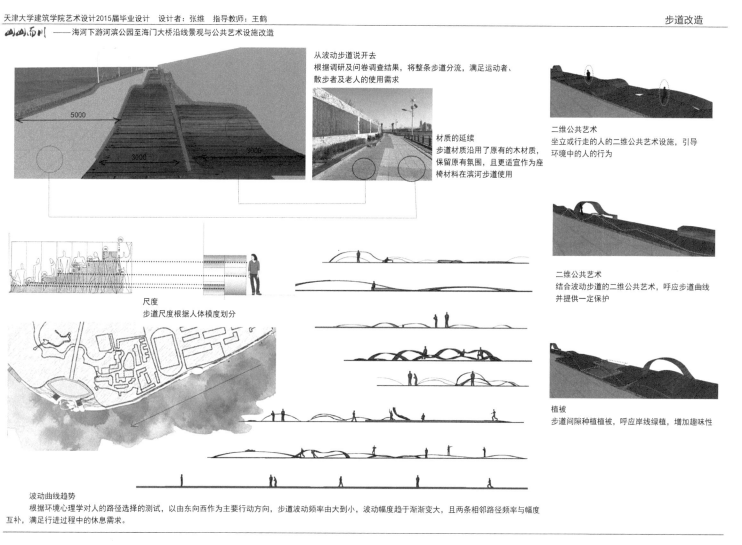

天津大学建筑学院艺术设计2015届毕业设计　设计者：张维　指导教师：王鹤　　　　　　　　　　　　　　　　　　　步道改造

—— 海河下游河滨公园至海门大桥沿线景观与公共艺术设施改造

从波动步道说开去
根据调研及问卷调查结果，将整条步道分流，满足运动者、散步者及老人的使用需求

材质的延续
步道材质沿用了原有的木材质，保留原有氛围，且更适宜作为座椅材料在滨河步道使用

尺度
步道尺度根据人体模度划分

二维公共艺术
坐立或行走的人的二维公共艺术设施，引导环境中的人的行为

二维公共艺术
结合波动步道的二维公共艺术，呼应步道曲线并提供一定保护

植被
步道间隙种植植被，呼应岸线绿植，增加趣味性

波动曲线趋势
根据环境心理学对人的路径选择的测试，以由东向西作为主要行动方向，步道波动频率由大到小，波动幅度趋于渐渐变大，且两条相邻路径频率与幅度互补，满足行进过程中的休息需求。

图7-14 《木质沿河波动步道》2

案例4：《*Harmony*》，天津大学建筑学院建筑学专业　林雨燕，指导教师：王鹤

优点： 方案利用原生态木质材料创作抽象的小动物造型，附加藤球、木桩等配套设施可为游人提供乘坐休憩功能，同时具有照明功能，能够缓解青年湖边照明缺失的问题。作品形态比较优美，抽象化造型便于设计施工，也便于维护，作者主张通过作品使人与自然和谐互动，基本实现生态公共艺术设计的需求。图样表达运用了当前较为流行的"拼贴风"，别有一番韵味。

不足之处： 对灵感来源和形态生成过程缺乏清晰表述，图样类型不够丰富，对于能源如何自给自足还可以有适当考虑（图7-15）。

HARMONY
17级建筑1班　林雨燕　3017206012

以小动物为形态原型，以木头为主要材质建立抽象几何公共艺术，再额外增加以木桩、藤球、花朵等为主要形象的雕塑，既提供了休憩功能，又增加了作品与大自然的亲善性和交融性。作品选址于青年湖畔木栈道上，在藤球等处增加照明设施，缓解青年湖畔夜间照明缺失的问题。整体均考虑与人的互动性，为行人提供休憩空间，为儿童提供玩耍空间，为观赏者提供好的观赏角度。

作品的主要形态均来源于大自然，在人与超自然尺度的自然形态互动的同时，达成作品本身"人与自然和谐统一"这一概念。

图 7-15 《Harmony》

案例5：《生态园竹制集水器》，天津大学建筑学院环境设计专业 张珺琳，指导教师：王鹤

优点：该方案是作者毕业设计的一部分，结合毕业设计的生态公共艺术改造主题，他重点设计了生态园。其中所有的公共艺术作品都利用传统的竹子材料完成，具有纯天然且成本低廉的优点。制成集水器后，既可以起到遮阳的作用，还能将雨水收集导入地下，加以循环利用，提升整体环境的生态特点。作品与人的尺寸适宜，成组布置讲究高度差与间距，从而形成美感，与设计初衷吻合。

不足之处：作品的主要材料在赋予作品生态属性的同时也带有隐患。竹子作为户外艺术作品的材料，一般而言比经过加工的木制品寿命更久，但终归不如金属制品，因此在设计阶段还是应当注意后期维护问题，或者降低整体作品的造价以便于整体更换，或是设计便于更换部分材料的机制，从而提升安全性（图7-16和图7-17）。

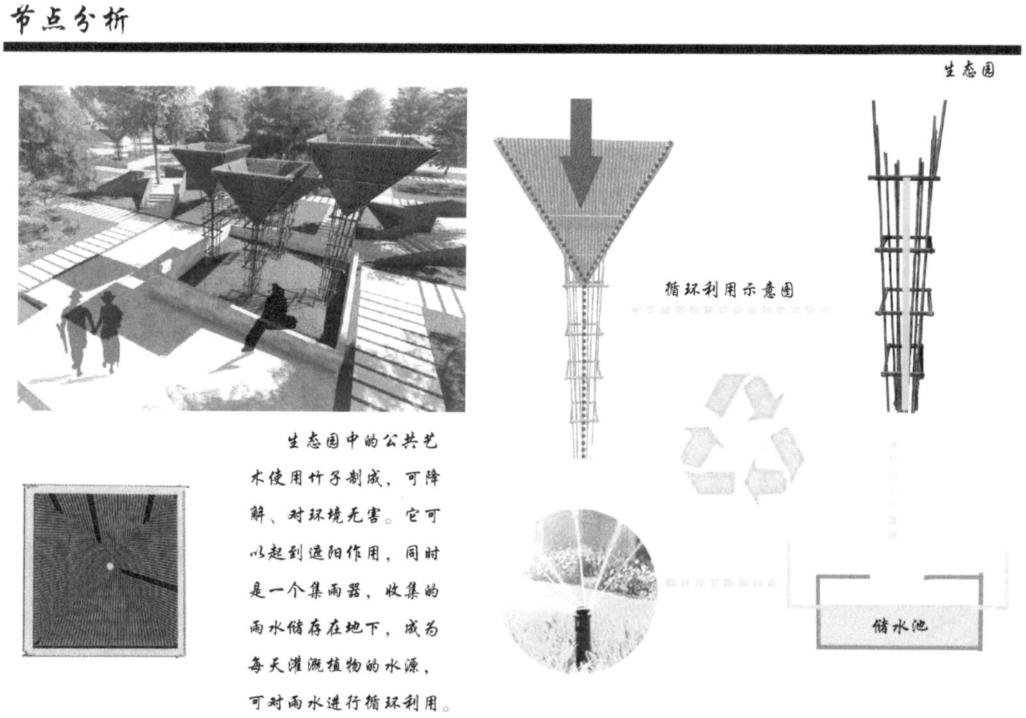

图7-16 《生态园竹制集水器》1

节点分析

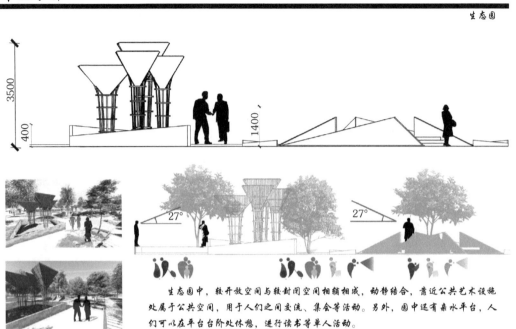

生态园中，较开放空间与较封闭空间相辅相成，动静结合，靠近公共艺术设施处属于公共空间，用于人们之间交流、集会等活动。另外，园中还有亲水平台，人们可以在平台台阶处休憩，进行读书等单人活动。

图 7-17 《生态园竹制集水器》2

小 结

　　对原生态材料的定义随着科研进展一直在深化。比如，曾经被视为环保、生态的材料——石材，在加工过程中需要大量切割、打磨工作，以加工成业主所需的完全人工化的形态。这一过程制造大量粉尘，不但影响加工地的空气质量，对施工人员和所在地居民健康也极为不利，留下的大量边角料也得不到有效利用。从这一角度说，评价一种公共艺术生态材料是否符合可持续发展标准，还要结合其处理工艺综合看待。这些新的定义，都有必要反映到教学中，虽然原生态材料感觉是比较简单的训练方式，但在实际教学过程中发现，通过材料的特性来展现生态属性，其实非常考验设计者对材料与加工工艺的了解。相对于科技型来说，部分学生在训练中体现出想象不够大胆，视野不够开阔等不足，有待今后不断深入，并且在下一次的设计训练中有所调整。

第八章

生态公共艺术专题训练——警示型

　　警示型公共艺术设计虽然涉及技术问题并不多，但由于要处理部分残缺形态，运用好废弃物基本元素，还要处理好形式美感与主题意义之间的平衡，总体来说还是有较大难度的。

第一节
警示型生态公共艺术设计案例解析——
北京《*Cola-bow*》

作品介绍：2013 年，由槃达建筑事务所设计的非永久性公共艺术装置《*Cola-bow*》落成于北京大学生设计展门外。这件作品表现了曲线形的可口可乐 logo 图案，属于一个形态典型的门状或环状装置，可供人穿越，自身也具有一定的美感（图 8-1 和图 8-2）。但与众不同的是，其基本材料由大量可口可乐瓶组成。

图 8-1 《*Cola-bow*》全景

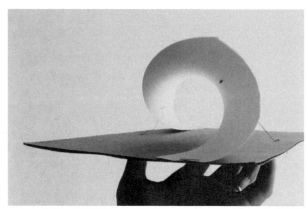

图 8-2 《*Cola-bow*》概念模型

生态属性：塑料是当今社会应用最广泛的石化制品，在极大程度上方便了现代人的生活。但塑料是一种很难自然降解的材料，以可口可乐瓶所用的聚酯纤维为例，至少要经过 450 年才会不完全分解。由此造成场地占用、焚烧污染，甚至海洋中的许多生物因为误吞塑料而死亡。因此，关注塑料污染、提倡废物回收是近年来生态公共艺术的重点，在我国也逐渐成为主流。设计方希望唤起公众对塑料污染的重视，鼓励市民将回收塑料瓶作为日常习惯的环保行为加以推广（图 8-3）。《*Cola-bow*》

作为在我国崭露头角的生态公共艺术作品，越发证明在社会各生产、生活要素高度关联的今天，公共艺术的艺术生产不可能是孤立的进程，而必然要将唤起公众关注、为社会发展服务作为主要评价标准之一。再加之城市雕塑与公共艺术担负着弘扬时代精神、传承文化薪火的重要功用，因此探索城市雕塑、公共艺术建设与管理的绿色发展是影响我国未来几十年社会、经济、文化全面发展的关键环节。

图8-3 作品可以帮助孩童树立环保意识

　　环境契合度：作品属于临时性布置，对场地要求不高，主要布置于广场这样的硬质空间。由于作品能够穿越，因此对布置地点的要求不高，可以灵活机动地布置于各个位置，环境契合度比较理想（图8-4~图8-6）。

图8-4 《Cola-bow》的尺寸设计

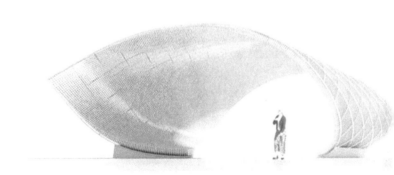

图8-5 《Cola-bow》的概念设计图

图8-6 《Cola-bow》效果图

形式美感：《*Cola-bow*》最突出的特色之一就是将多达 17000 多个来自北京各大学以及可口可乐回收点的塑料可乐瓶捆扎在网架上，网架本身带有优美的弧线形式（图 8-7 ～图 8-9）。大量相同的元素以像素化分布，具有重复美感，加之可口可乐瓶带有很多红色部分（图 8-10 和图 8-11），因此视觉美感较为突出（图 8-12）。

图 8-7　作品正在搭建框架

图 8-8　框架即将完工

图 8-9　施工过程

功能便利性：警示型生态公共艺术往往不以功能见长，但该作品尽可能提供了休闲等的功能，功能便利性比较理想。作品使用的原材料容易获取，施工便捷，拆装耗费成本低，也属于功能便利性之一（图8-10～图8-12）。

教学范例意义：从作为教学范例的角度看，《*Cola-bow*》形式简单，没有采用过于复杂的造型方法。原材料易得，降低了完工难度。作品可以与交通流线穿插，降低了布置难度，减弱了与环境的矛盾。同时其警示意义直白易懂，综合来看适合作为学习警示型生态公共艺术的范例运用。

图8-10 《*Cola-bow*》局部特写

图8-11 作品细节

警示型生态公共艺术
设计案例解析

图8-12 《*Cola-bow*》夜景

第二节
警示型生态公共艺术
设计训练案例解析

本节选取了五份各方面要素都比较完整的学生作品，进行比较充分的案例解析，通过生态属性、环境契合度、形式美感、功能便利性和图样表达五个分值点（各分值点满分为 10 分）进行评分，以便全面呈现教学训练成果。

案例 1：《干涸》，天津大学建筑学院建筑学专业　黄斯野，指导教师：王鹤（图 8-13 和图 8-14）

设计周期： 3 周。

作品介绍： 该方案选用较为传统的形式，以鱼骨象征干涸与生命的逝去，从而警醒人们注意环境问题。特色在于尺寸、材料、安全性等考虑较为全面，特别是结合环境进行一体化设计，体现着当代生态公共艺术的发展趋势，值得鼓励。

生态属性： 8 分。作者的生态考虑从"水"和"生命"这两个典型话题入手，利用鱼这种最具代表性的水生动物的骨骼来象征生命逝去，从而达到警示人们珍惜水资源，激发环保意识的设计目的。这一构思并不新颖，甚至可以说有些过于直白，可能在有些敏感的游客看来会有些不适，但是优点在于不容易产生歧义，对不同年龄、教育背景、性别的游客都能产生同样的效果，是成功概率比较高的设计思路。另外，作者还使用了白色可降解塑料，在保证颜色与真实鱼骨接近的情况下，尽可能具有实际的环保意义。

环境契合度： 10 分。作者将作品设计于公园这样一个常见且游客众多的场所，大环境上比较理想。特别是公园对交通流线限制较少，游人步伐较慢，有更多的时间欣赏作品。从小环境上说，作者专门设计了用有玻璃分隔的沙土地，既象征了干涸，能够如作者所说"发人深省"和"居安思危"，体现生态属性；另外玻璃分隔还可兼顾夜间采光效果，进一步深化主题和美化环境，环境契合度十分完美。

干涸

水是生命之源。

珍惜爱护水资源是环境保护中的重要一环。

设计者希望通过水与生命的主题激发人们的环保意识，珍惜水资源、保护环境，珍视生物圈大家族。

设计理念

鱼是最具代表性的水生动物。鱼骨象征着生命的逝去，因为人类也不能离开水，所以我们也是"鱼"。若我们不珍惜水资源，这也将是我们的下场。

场地与环境

场地位于绿化极佳的公园内，但设计品会被置于一片沙土之中，环境会与周边形成鲜明对比，以给人们"缺水、干涸"的情景暗示。

趣味性

鱼骨与地面间形成数个类似门洞的空间，会是孩子们喜爱的游戏空间。"鱼眼"的空洞会成为有趣的拍照景框。

功能性

沙地被一圈水泥浇灌的座台围绕，让人可以驻足休憩的同时给人沙地是干涸湖泊的想象。

图8-13 《干涸》1

地面处理

沙地有玻璃分隔，夜晚能从下方透出灯光，有很好的光效果，分隔形态模拟了真实的干旱状态下龟裂的土地，发人深省，居安思危。

材料选择

白色可降解塑料，更加环保。塑料给人感觉更为亲和、颜色、质感与真实的鱼骨更为接近。

安全性考虑

"鱼骨"本为尖刺状，在设计时特地将尖头抹圆以防伤人。

数量、大小与形态

这组设计总共由三架"鱼骨"组成，其中两架明显大于另一架，且最小的这一架形态和风格更为稚嫩可爱，寓意这是一家三口。更加加强人对于水和生命的思考与反思。

图8-14 《干涸》2

形式美感：8分。坦率地说，利用生物骨骼创作的公共艺术作品，在形式美感上是有先天不足的，因为这一形象很容易和死亡联系起来，一般艺术家往往会加以避免。虽然鱼是一种等级相对较低，形象上与人类或哺乳类动物差别较大，引起的联想会比较有限，但也存在风险。在这一方案中，作者利用各种手段加以弥补，如鱼骨形态并不完全写实，而是加以卡通化，产生一种"萌萌"的感觉，也容易得到儿童和年轻人的喜爱。

功能便利性：7分。尽管类似作品往往很难在警示意义和实际功能之间兼顾，但这件作品还是努力求得比较理想的平衡。首先方案考虑到了游乐功能，鱼骨之间有若干孔洞，可供孩童游戏，作者还尽可能将鱼骨尖利部分磨圆以保证其安全性。此外，作者还在周边设置水泥浇灌的座台以保证游人驻足休息，虽然略显牵强，但一件作品满足如此多要求，细节如此丰富已属难得。

图样表达：8分。方案在图样表达上经过一轮修改，第一次指导教师给出的意见是图样类型除了效果图外应该再丰富一些，设计说明文字字体字号排版也应该更为讲究细节。经过修改后保持了拼贴风的特点，同时表达了昼夜不同效果，对功能、照明等细节表现比较完整，充分达到设计初衷。

案例2：《鲸落隧道》，天津大学建筑学院建筑学专业 刘靖旸，指导教师：王鹤（图8-15和图8-16）

设计周期：7周。

作品介绍：该方案选址在天津大学敬业湖畔，以巨鲸骸骨骨架为设计原型，考虑到敬业湖是天津大学最重要的水体，游客、师生众多，人流量很大，却缺少吸引人视线的景观节点和供人们休憩的空间。设计者综合公共艺术作品的优美性和实用性，以及不同年龄层人群的需求，采用两种C字形钢材料穿插排列，营造不同的功能空间。该作品思维清晰，表达能力优秀，非常富有创造力，细节也交代得很清楚，紧扣本次设计的主题，意义深远，发人深思。

生态属性：8分。作者利用巨鲸的骸骨作骨架，以此寓意人类对地球水体的破坏以及对生灵的残害，并且用临时性和坚固性并存的装置表达了作者对未来地球环境深深的担忧。柔弱与坚硬的对比，隐喻着生存和死亡，主题意义深刻，唤起人们对保护生态环境的思考。

环境契合度：6分。该方案结合天津大学校园的实际情况，将地址选在人流量很大的敬业湖畔，设计了人们临时休息和停留的空间，并且为小朋友提供了娱乐的空间。但是作品存在的问题是所用材料的ETFE半透明膜材质和颜色与天津大学老校区的建筑风格和环境风格不太融洽，应该进一步加以推敲。

形式美感：8分。该作品形象地还原了巨鲸的骸骨，外形优美、曲线流畅，给人舒适和轻松的感觉，有想要在此逗留的欲望。繁杂穿插的结构吸引少年儿童的视线，引发他们探索的好奇心。

鲸落隧道

3014206012　刘靖旸

设计与人文——当代公共艺术·作业二

基地选在天津大学敬业湖畔，敬业湖是天津大学最重要的水体，游客、师生众多，人流量很大

敬业湖畔设计了湖畔步道，但缺少桌椅等可供人休息的设施，也缺少吸引人驻足的景观节点

在步道尽端接近敬业桥处设"鲸骨展廊"，错落布置两种模式的钢骨，分别可用作椅子和吧台，视情况覆盖印有环保材料的塑料膜，膜未覆盖处形成自由的景框

灵感

巨鲸的骸骨落入大洋深处，却为深海生物提供养分与庇护，这就是"鲸落"。柔弱的塑料袋孕育着死亡，仿佛灵魂永恒漂泊在海洋。方案等比例抽象复原一具小须鲸骸骨，覆盖以破碎的半透明塑料布，暗示人类对地球水体破坏杀害的生灵。临时性与坚固性并置的装置表达对未来的担忧与希望，柔弱与坚硬的对比，和它隐喻的生存与死亡，引人遐想。

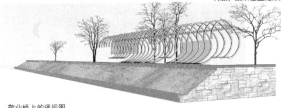

敬业桥上的透视图

结构：
该装置由A、B两种单元体钢材组成。它们都呈C字形，排成一排。
A单元底部设置有钢材斜撑，恰位于单元几何中心正投影位置，负责承重。
B单元靠连接各个单元的两片钢梁悬挂，不落地。
A单元承重钢材斜撑用石堆覆盖，避免伤人，也使装置整体仿佛轻轻落在海边卵石上，具有诗意。
每个单元用60mm方钢做成肋骨状，由于方形截面和纯白的颜色而显得抽象。
同时将轻盈的结构美展现给游人，吸引其驻足。
钢肋外部覆盖可以动的ETFE半透明膜，既可以遮阳，又形成景框，同时构成宣传栏。

A单元构成装置的主体，最大高度4.7m，离地500mm设座椅，顺形体微微前倾，保证舒适。另一端离地1.6m，限定水平的观景视野，便于各个身高段的游人阅读宣传栏。新的座椅与原来的河堤间距800mm，创造对坐闲谈的可能。

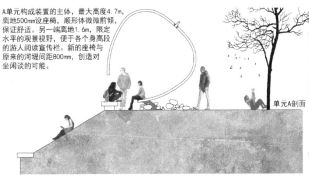

单元A剖面

B单元悬挂在A单元周边，最大高度4.7m，离地1.1m设吧台，来往游人师生可在此歇息。相比A单元是更活跃的存在。小朋友可以从吧台下钻来钻去嬉戏。另一端离地2.6m，形成更开放的景框，人可以毫无阻碍地站在河堤上行动。

单元B剖面

图 8-15　《鲸落隧道》1

133

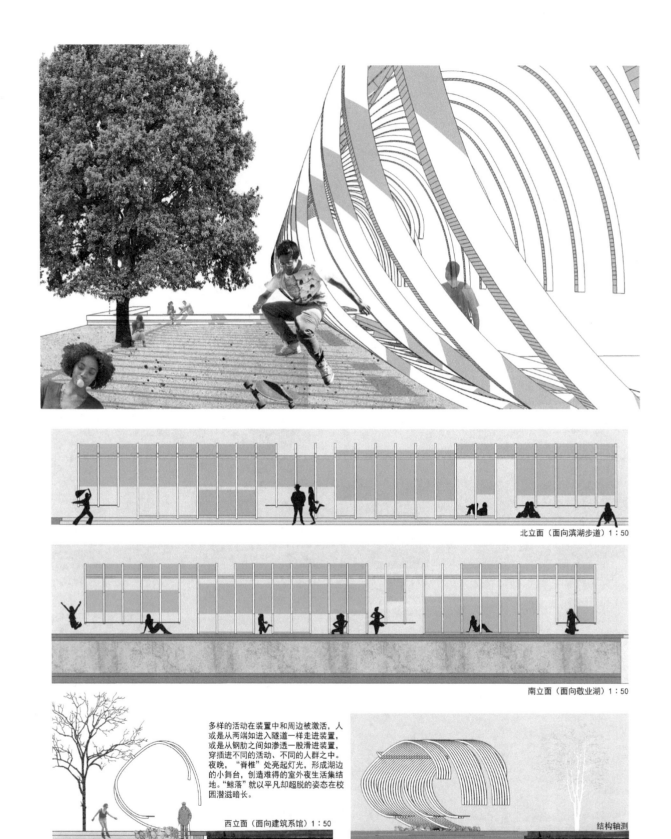

北立面（面向滨湖步道）1：50

南立面（面向敬业湖）1：50

多样的活动在装置中和周边被激活，人或是从两端如进入隧道一样走进装置，或是从钢肋之间如渗透一般滑进装置，穿插进不同的活动、不同的人群之中。夜晚，"脊椎"处亮起灯光，形成湖边的小舞台，创造难得的室外夜生活集结地。"鲸落"就以平凡却超脱的姿态在校园潜滋暗长。

西立面（面向建筑系馆）1：50

结构轴测

图 8-16 《鲸落隧道》2

功能便利性：6分。作者主要想解决天津大学敬业湖畔过往人群的休憩问题，但是作品过于强烈的形式感难免给人不安全的感觉，而且座椅和作品的结合不是很恰当，应当调整一下作品的协调性和厚重感比例，儿童穿梭游玩的空间也要以安全性考虑为主。

图样表达：8分。作者以海洋生物巨鲸为基础，将图样设计为蓝色背景，公共艺术作品为白色，形成强烈的对比，表达清晰明了。图样信息量完整，分析到位，从不同的方面说明设计内容，效果图表现力很强，排版也让人一目了然，整体效果不错。

案例3：《一次性筷子的背后》，天津大学建筑学院城乡规划专业 李嫣，指导教师：王鹤（图8-17）

设计周期：3周。

作品介绍：作品选址大学校园，针对长期以来存在争议的生态与浪费问题——一次性木筷，展开具有警示功能的公共艺术设计，生态属性主题鲜明，环境契合度高，形式感合理，而且注重成本，总体达到了训练目的。

生态属性：9分。一次性木筷是中国饮食习惯与现代快餐业兴起之后综合产生的环境问题，对一次性木筷造成的木材资源浪费，以及由此产生的树木砍伐甚至水土流失等问题一直存在较强烈的争议。作者从这一点出发，根据亲身观察，希望通过同学们在食堂和外卖中大量消耗一次性木筷而没有察觉这一点，激发当代大学生的环保观念。除了作品中的筷子是不是要用一次性筷子为材料值得商榷外，整体生态属性鲜明，充分实现设计初衷。

环境契合度：7分。作者挑选的地点并不是食堂，而是同学们日常进餐更普遍的教学楼前，这也是从作者的亲身观察中得出的。环境契合度虽然不高，但符合实际，也降低了设计实现的难度。

形式美感：7分。作者基本运用现成品制作的手法，木筷子夹住镂空地球的形式富有视觉冲击性与心灵震撼，结合灯光的运用，用投射五大洲的新颖手法，形式美感基本达到要求。

功能便利性：6分。功能便利性不是作者主要的考虑之处，但作品悬空布置，与交通流线结合理想，没有妨碍正常的学习活动与休闲等，也可认为是具有一定的功能性。

图样表达：9分。图样表达底色淡雅，基地分析清晰，信息标注完整，不足之处在于部分设计说明过于简略，挑选的效果图视角由于遮阳棚的遮挡而不理想，换成仰视视角应当能更好地表现设计初衷。

案例4：《声》天津大学建筑学院 城乡规划专业 曾昭瑜，指导教师：王鹤（图8-18）

设计周期：3周。

作品介绍：《声》是近年来在本科生阶段开展公共艺术设计训练中，不多的以噪声的视觉化为表现对象的方案。这与声音比较抽象，难以视觉化有直接关系。该方案主题意义鲜

图 8-17 《一次性筷子的背后》

明，形式感理想，环境契合度突出，功能便利性合理，整体达到较高水平。

生态属性：9分。噪声污染是当代都市人生活中较为严重的污染之一，但是一直没有得到重视。近年来，如《Odi》等一批公共艺术作品诞生，并用艺术的形式警醒人们注意这一问题。特别是低年级同学阅历有限，对此问题更难有深入认识，也正因为如此，方案的价值也会显得更高。

环境契合度：8分。作品形式抽象，主题都市化，材质现代，考虑到游人需求，因此与硬质都市广场和建筑背景契合得十分完美。

形式美感：8分。方案挑选了很直接的技术路径，一组曲线柔和的形式表示韵律优美的音乐，一组比较凌乱的形式表示缺少韵律、使人烦躁的噪声。两组作品既有对比又有统一，形式美感比较理想。

功能便利性：7分。作品还充分考虑到了功能与加工问题，特别是表示音乐的一组，可以供人们乘坐、休息和游玩，作者还结合人体工程学原理，安排了金属条之间合理的间距以

图8-18　《声》

设计说明　噪声无处不在，我们常常受到噪声的侵害，施工噪声、汽车鸣笛声、广场舞的大喇叭声、儿童的吵闹声、室友的呼噜声、课堂上同学们的说话声、教室里不远处同学耳机里传出的音乐。当然，我们在有意无意中也会制造一些噪声，但我们常常忽略了它对他人的影响。

本公共艺术设计通过将噪声和乐音两种截然不同的声音抽象出来，使人们能够意识到噪声污染的问题。

公共艺术设计——声

指导老师　王鹤
2011级城乡规划甲班　曾昭瑜　3016203136

形态生成　该设计基本形态由声音的波形图生成，其中包括噪声的波形图以及乐音的波形图，噪声的波形图形态杂乱，而乐音的波形图可以给人带来美的感受。

该设计的材质为铝合金以及木材，两种材质其中铝合金表面导热性低，无论是在酷暑还是寒冬，其表面温度都不会过于刺激，便于该设计与人体的互动，使这设计更加耐久，耐腐蚀，并且铝合金强度高。

该设计的基本构成元素是铝合金圆管，其强度高，可以与人互动，且采用的是两根铝合金管组合，约为20cm宽，可以供人短时间乘坐，两组铝合金管间距25cm，人的腿不容易卡住，且整体圆润，非常安全。

第二组设计与人的互动性则稍差，这也映射了噪声给人带来的不便利，但其依然有很多种与人互动的方式。

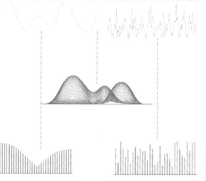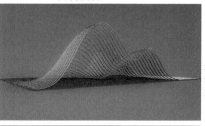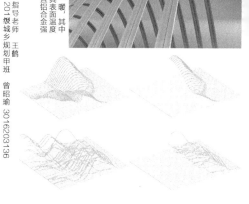

保证安全性。铝合金与木材结合，综合使用的材料设计基本合理，但木结构在户外会有变形风险，寿命也较短，需要深入考虑。

图样表达：8分。图样底色淡雅，细节丰富，信息标注完整，充分表达设计初衷。

案例5：《零·都市物语》天津大学建筑学院环境设计专业　钱事琦，指导教师：王鹤（图8-19）

设计周期：3周。

作品介绍：作品由两部分组成，一侧是重工业城市很典型的管道、烟囱、轮胎、电线等工业语言，一侧是大象、人物等自然语言，中间是一道门，寓意传统的工业文明会慢慢走向自然。基座设置成上坡则带有一定进步的寓意，生态属性突出，功能性有所考虑，采用手绘方式，达到训练效果。

生态属性：8分。方案选择了很典型的生态警示艺术预言，应当说这是一种对于工业化与环境污染的治理非常乐观的态度。作者运用的这种转换手法，特别是人物穿过大门的状态，实际上在我国著名雕塑家石向东的《跨越》中就运用过，兵马俑的后半身抬腿跨越后变为机器人，寓意古老的中华文明走向工业化和科技化的希冀。

环境契合度：8分。作者对作品设置地点有比较周详的考虑，认为结合作品的主题，适合放在高楼林立的商业区等缺乏绿化的地方。当然这里有需要深入思考之处，作品尺寸较大，零部件较多，其实放在相对空旷处会更好。从细节上说，设置的上坡寓意所有元素都在走上坡路，说明作品与小环境结合比较紧密。

形式美感：9分。方案选用不多见的手绘表现，在构图、色调和意境塑造上近乎无可挑剔。不足之处在于传统写实的部分与后半部表现工业化的部分转换有些生硬，两部分形态和语言差距都过大。这一问题并不仅是视觉上的，在制作和后期维护中也会带来很多麻烦。完全写实的部分只能运用青铜等延展性好的材料铸造，工艺烦琐，成本高昂。后半部分外形突起又太多，可能会积存雨水造成腐蚀，不同的材料如钢铁、塑料、橡胶等如何连接，显然不能用焊接，粘接又不可靠，因此在后期维护中会加大工作量。毕竟，在设计之初就考虑施工与后期维护问题，是公共艺术课程从开设之初就一以贯之的原则。

功能便利性：6分。作品在细节上也有较为周详的考虑，比如周围的座椅带有围栏设施的功用，防止游人攀爬，保证了安全性，又可供人休息，这都是作品的成功之处。

图样表达：8分。作品的一大特色是运用传统的手绘构图，符合对于生态主题，特别是自然类生态主题的描绘。但在排版上图样类型和数量都可以更丰富，这也是手绘的一点不足，即不能像建模一样调换角度，所以在公共艺术训练中适合多种表现方式综合运用。

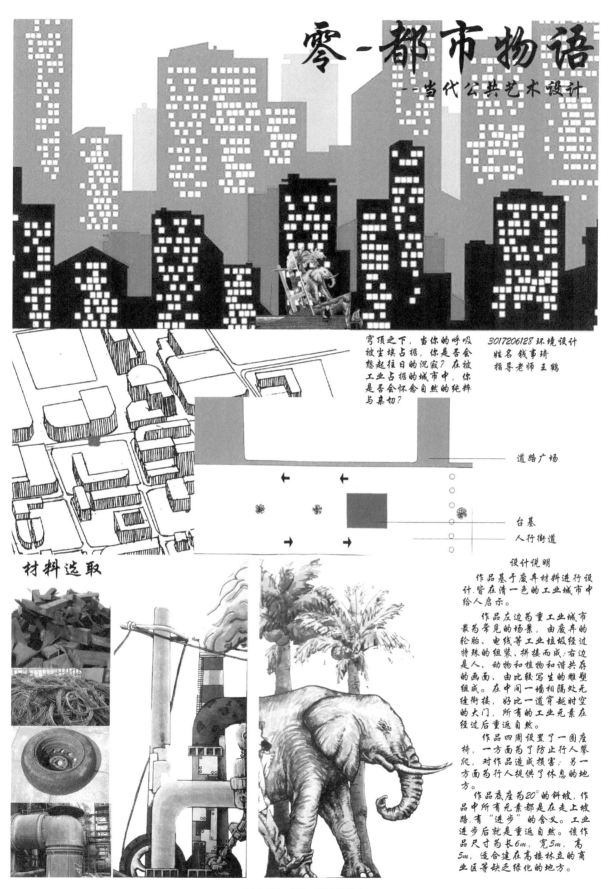

零-都市物语
——当代公共艺术设计

穿顶之下，当你的呼吸被尘埃占据，你是否会想起往日的沉寂？在被工业占据的城市中，你是否会怀念自然的纯粹与亲切？

3017206128 环境设计
姓名 钱事琦
指导老师 王鹤

道路广场

台基
人行街道

材料选取

设计说明

作品基于废弃材料进行设计，皆在清一色的工业城市中给人启示。

作品左边为重工业城市最为常见的场景，由废弃的轮胎、电线等工业垃圾经过特殊的组装、拼接而成；右边是人、动物和植物和谐共存的画面，由比较写生的雕塑组成。在中间一墙相隔处无缝衔接，好比一道穿越时空的大门，所有的工业元素在经过后重返自然。

作品四周设置了一圈座椅，一方面为了防止行人攀爬，对作品造成损害；另一方面为行人提供了休息的地方。

作品底座为20°的斜坡，作品中所有元素都是在走上坡路，有"进步"的含义。工业进步后就是重返自然。该作品尺寸为长6m，宽5m，高5m，适合建在高楼林立的商业区等缺乏绿化的地方。

图8-19 《零 都市物语》

139

第三节
警示型生态公共艺术
设计训练要点及示例

在较为完整的训练案例之外，也会有部分案例同时具有较为鲜明的优点和缺点，对教学来说，有时缺点的暴露比优点的尽情呈现还要有价值。因此，在这里呈现五份作品，在介绍方案并肯定优点的同时，重点指出不足之处，以便为后来参与生态公共艺术设计训练的学生提供警醒与帮助。

案例 1：《城市的音量》，天津大学建筑学院城乡规划专业　曾昭瑜，指导教师：王鹤（图 8-20）

优点：噪声污染是当代都市中看不见、摸不着的污染形式，甚至在很多时候，以次声波形式出现的噪声污染都无法被人听见，但其对健康会造成很大危害。目前只有少部分非政府组织与艺术团体注意到这一问题，并力图用公共艺术的形式提醒人们注意。与完全警示人们注意的作品不同，《城市的音量》融入了更多科技元素，更强调主动防控。作品采用音量图标三维化后的立体形态，顶端放置太阳能板，为作品提供清洁能源。中间可以根据周边噪声变换颜色，当周边噪声高过 80 分贝时，三圈发光装置已经都变为红色以达到警示周边人群的目的。同时底部还设计了 45cm 高的座椅，具有休息功能。作品构思完整、指向性强，充分达到设计初衷。

不足之处：形式过于简单，过于接近单纯的工业装置，对艺术主题挖掘不够深入，这是今后要深入改进的重点。

案例 2：《光之乐园》，天津大学建筑学院建筑学专业　黄斯野，指导教师：王鹤（图 8-21）

优点：方案在很大程度上借鉴了近年来利用大量工业现成品，基于像素化原理，通过色泽与形态设计，穿越交通流线进行公共艺术设计的案例。例如，墨西哥城以大量咖啡杯

城市的音量

城市生态公共艺术设计

17级规划甲班
3016203136
曾昭瑜
指导老师：王鹤

噪声会严重影响人们的身心健康，在一些公共场所，如广场、公园、医院等地，都存在着噪声污染，本作品旨在通过外形及灯光色彩的变化提示人们降低音量，将其置于一些公共场所，既可以为行人提供休息场所、充当照明设备，也可以起到警示的作用。

该设计的外形由音量图标三维化而成，造型简洁直观，便于公众理解。

安置太阳能板，日间可积蓄电能供夜间发光。

在夜间发光，可供照明，内置传感器，根据环境噪声强度改变发光颜色，以起警示作用。

高度为45cm，符合人体尺寸，可供行人乘坐、休憩。

<60dB   60dB~80dB   >80dB

图8-20 《城市的音量》

生态公共艺术

光之乐园

场地

场地位于上海市迪士尼乐园中的一处步行路交汇的小广场，人流众多。场地较为开阔，且地面为硬质铺装。这些因素为公共艺术的参与度和设计的光影效果提供了保障。

概念及策略

当人们在游乐园游玩时，往往会产生很多饮料瓶，这些望料瓶中的很多瓶体本身就是彩色的，当阳光透过，很多彩色塑瓶会产生绚烂而震撼的光影效果，现在市面上各种颜色的饮料瓶可以为设计提供合理性和可实现性。

所以，设计提供了几面"墙"，其实是通透的框架，材料为塑料。这些小框满足放置饮料瓶的尺寸需求，游客可以将自己喝完的空饮料瓶塞入其中，组成这面"墙"的一部分。

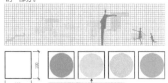

但在这里有更细节的设计。每一个小框下都有自己的标识，指示这个框应该塞入什么类型、什么颜色的瓶子。这是预定光影样产生的保证，更重要的是，通过这样的形式培养人们垃圾分类的意识。我们都知道不能乱扔垃圾，但应该在垃圾分类的意识上有更高的要求。

纵向尺寸满足大人抱着孩子向最高框中塞瓶子的行为，促进了亲子互动性。若隐若现的"墙体"使得两侧的孩子们视线交汇，追逐成趣。

平面图1:200

图 8-21 《光之乐园》

为原料的《意识之门》，又如北京市以可口可乐瓶为原料的《Cola-bow》。方案基本集成了这些案例的优点，在生态属性上更偏向于后者。通过周密的色彩预先安排，引导游人将雪碧等不同颜色的瓶子放入框架中，以达到预先设计好的树木、爱心等不同图案。设计比较周详，生态属性比较鲜明，像素化图案的色泽与形式也几乎无可挑剔，这都是该方案的优点。

不足之处：过于依靠游人自觉，特别是在较长时间内而非活动期间，这显然是比较困难的。《镜像文化》等依靠公众参与的作品大多基于特定活动集中完成，完成后保持在游人很难接触的高度（当然也有不妨碍交通流线的考虑）。但在《光之乐园》中，所有瓶子都依靠游人放入，是否有残液就是一个显著的问题。框架没有设计防止抽出的卡扣，又会造成丢失和进一步的污染问题，毕竟《意识之门》和《Cola-bow》等类似作品都使用一体完成的框架以防止单一元素流失。总体上看，依靠游人自觉固然是正确的生态公共艺术发展方向，但更应该通过合理的机制设计来保证其贯彻实施，从而实现全寿命期和整体环境视角的环保意义。

案例 3：《劝君莫垂钓》，天津大学建筑学院建筑学专业　刘靖旸，指导教师：王鹤（图 8-22）

优点：该方案地点位于天津大学卫津路校区爱晚湖畔。作者进行了比较周密的调研，指出爱晚湖是天津过去大片自然水系和洼地沼泽中仅存的硕果之一。但目前非法垂钓和非法捕捞较为严重，这一事实确实存在。除通过管理和其他手段进行改变之外，作者独出心裁地选择公共艺术的方式来警醒公众，用一组拱形金属钓鱼竿伸向湖面，钓鱼杆另一端悬挂一个木质秋千，基座上有各种宣传内容。方案有新意，对生态主题和互动的拿捏也很到位。

不足之处：总体来看，方案过高依靠公众的审美品位与素养来达到设计初衷，似乎风险过高。另外，作品在图样表达上也有较大不足，指导教师指出："但目前看现状分析占的面积有些大，作品的效果图反而比较小，应进一步突出重点，比如基座上内容的放大展示，秋千上的人如何使用等，以帮助观众准确全面把握作品。另外部分字号可更小，文字边缘可对齐。"如何调整图样表达中的各种图纸比例，以便更好更清晰地表达自己的设计思路，是很多学生在生态公共艺术设计训练中面临的问题。

案例 4：《推移》，天津大学建筑学院建筑学专业　张琪明，指导教师：王鹤（图 8-23）

优点：该方案是一个设计巧妙的互动公共艺术。主体为沙地，配有各种人物剪影形象的印章，沙地周边设有不同位置的挡水板，可调节水在沙地中的蔓延程度。从简单的角度说，儿童可以通过戏水和玩沙子来满足游戏需求；但成年人能够通过印在地面的人像逐渐从湿润的黑色变为干涸无力的浅灰色，从而体会到生命的脆弱和水资源的宝贵。该作品互动性较为突出，技术实现度高。

不足之处：没有具体交代挡水板动作与人的互动机制，人像印章如何保存管理等细节也不清楚，作品落成后效果呈现的偶然性因素和不可控因素太多，从而影响了整体意图的表达，有待进一步完善。

案例 5：《废墟之美》，天津大学建筑学院建筑学专业　赵心蕊，指导教师：王鹤（图 8-24）

优点：在我国，以混凝土为主的建筑垃圾无法再利用，只能填埋，这已经成为我国生态环境保护中重要的问题之一。该方案敏锐地注意到这一问题，如作者所说，采用废弃混凝土为主要结构，借鉴世界公共艺术趋势，通过钢板搭接来提供乘坐和休息的功能。作品后方还添加了类似混凝土块，上面安装有显示屏，可以时时接收信息、显示空气质量；旁边还布置有太阳能灯，提高了生态属性和功能性。方案思路新颖，直面重要生态问题。图样表达虽然朴素稚拙，但对需要交代的问题都表达得很清晰，没有太多冗余的信息，成功表达设计主题。

不足之处：对工艺了解不足，废弃混凝土块很难再处理，更不必提扭曲变形了。事实上还是可以利用新材料模仿废弃混凝土材料的肌理，来提升艺术效果和可维护性。另外，部分技术细节，比如如何显示空气质量等，应该交代得更细致。

湖光水色好，劝君莫垂钓

—— 天大校园水系生态介绍与环境保护艺术设计

学号：3014206012 姓名：刘靖旸 班级：14级建筑学甲班 指导教师：王鹤老师

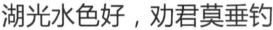

场地位于天津大学校园核心区，教学区与生活区交界之处，毗邻多条交通线，行人众多，可产生较大的影响力与吸引力。

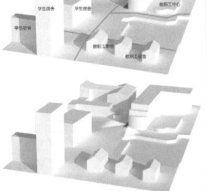

场地西南侧是爱晚湖，北侧是一片绿地，景色优美。

设计希望充分结合场地条件，激活原本消极的空间，吸引更多人在场地驻留、活动。

天津市区以南数公里内，过去原本有大片的自然水系和洼地沼泽地，水草丰美。随着城市的扩张，大量水面消失，天津大学校园内的4个大湖是仅存的硕果。目前校园湖泊面临非法垂钓，非法捕捞、水体污染等诸多问题，生态形势严峻，但仍有许多生物栖居。

本设计在湖畔选址，人流密集之处，介绍天大水体现状与宣扬保护环境的思想。

一组拱形金属钓竿伸向湖面，悬挂一个木质小鱼状秋千，象征生命离开水即告枯萎。钓竿混凝土基座十分稳固，上面刻天大水体现状信息和环境保护格言。基座下设凹洞，给流浪动物庇护。教学楼墙面改造成环保宣传墙，介绍天大水生动植物种类和非法垂钓等活动的危害。
来往学生可在秋千上欣赏湖景，可在拱下阅读宣传墙、回头欣赏被忽略已久的北侧绿地，增强环保意识。

图8-22 《劝君莫垂钓》

推移

大地生态公共艺术

张琪明　建筑学一班
3017206027
指导老师：王鹤

concept

function
此公共艺术的中间是一个沙地，左右两侧分别为水池和干旱皲裂的土壤，两侧是让人们产生互动性的人像印章，在沙子下面有几道不同位置的挡水板，通过控制挡水板开启的不同位置来调节水在沙地中的蔓延程度，使沙地分成湿、较湿、干几种，这样印在地上的人从湿润充满活力的黑色逐渐变为干涸无力的浅灰色，旨在体现人类在逐渐浪费水资源的同时也使自己渐渐枯萎，警醒人们保护水资源。

site
此公共艺术地点设在公园里的一个广场上，因为其具有与人的互动性，并且小孩虽然不太懂但是可以玩沙子印章，成年人可以去理解它的含义，所以它适合建设在老少皆宜的公园广场上。

master plan 1:100

materials
整个水池的边框
中间的沙地
皲裂的土壤
印章的材质
印章的主要材质

watering　watching　thinking　enjoying

20686.60
4791.00　12609.72　880.00　2582.71

印章
干涸的土地
水池
印章沙地

图8-23 《推移》

废墟之美

建筑学院 建筑学　赵心蕊 3017225055
指导教师：王鹤

设计思路

方案的主体为废弃的钢筋混凝土，通过扭曲变形成为一个长椅，可以供人们休息使用。长椅的后面有一块竖立的混凝土块，上面显示着城市实时空气质量，提醒人们爱护环境。左面有一个太阳能路灯，可以在黑暗中照亮废墟，意为"废墟之光"。

俯视图

尺寸分析

立面图

场地选择

场地选择在建筑物前的草地上，钢筋混凝土"废墟"与后方建筑物和草地形成鲜明地对比，更加能够警示人们保护生态环境。

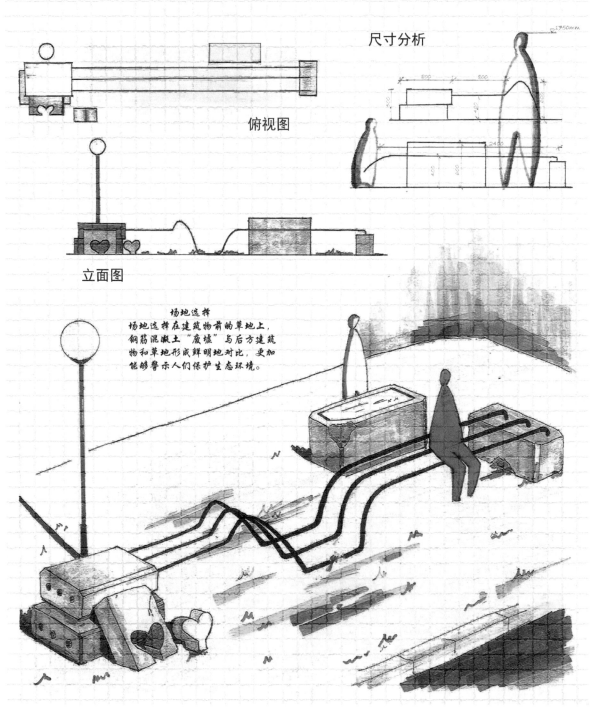

图8-24 《废墟之美》

小　结

在警示型生态公共艺术设计训练中发现一些值得注意的现象：在设计课题布置之初，主讲教师的思路是警示型生态公共艺术，需要设计者对社会规律、经济规律，甚至人性都有较深的理解，但这可能对年轻学生来说会有一定难度。但是在实际训练中发现，生态主题是大多数青年学子们高度关注的，而且这一类型公共艺术不涉及过多技术问题，也不像原生态材料那样对结构与寿命周期有较高要求，因此训练案例多且质量高，反映出科学制订教学目标的重要性。

第九章

生态公共艺术专题训练——
科技型

科技型生态公共艺术设计更依赖设计者对新技术、新材料与新理念的了解与掌握，在基础训练阶段掌握了不同的生态材料、生态发电技术和不同生态基础知识后，需要设计者在训练中活学活用，合理分配生态属性、环境契合度、形式美感等诸要素之间的平衡关系。

第一节
科技型生态公共艺术设计案例解析——
《*When Noise is Good For Lights!*》

作品介绍：这一设计方案最早于 2011 年出现在设计网站 http://www.yankodesign.com/ 上，设计者网名为 luo lide，其合作者 Chen Songrong、Li Daiyan 等显然是中国设计者或华裔。虽然目前还没有该方案实际落成的消息，但作为一种切入点新奇的生态公共艺术，还是很有必要加以介绍和分析的（图 9-1 和图 9-2）。

生态属性： 声音由物体的振动产生，以波的形式在一定的介质（如固体、液体、气体）中进行传播。声音是交流、传达信息必不可少的媒介，富于韵律的声音可成为音乐，是艺术欣赏的对象。但当发声体做无规则振动时，发出的声音则可称为噪声，或有规律但播放音量过大以及播放地点不当会干扰人们休息、学习和工作以及对你所要听的声音产生干扰的声

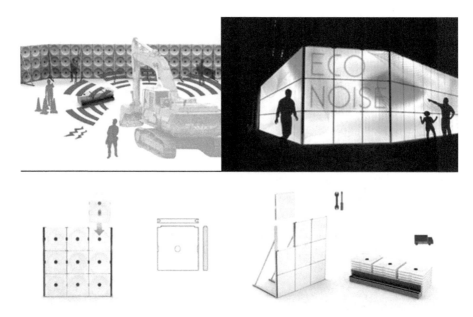

图 9-1 《*When Noise is Good For Lights!*》设计图 1

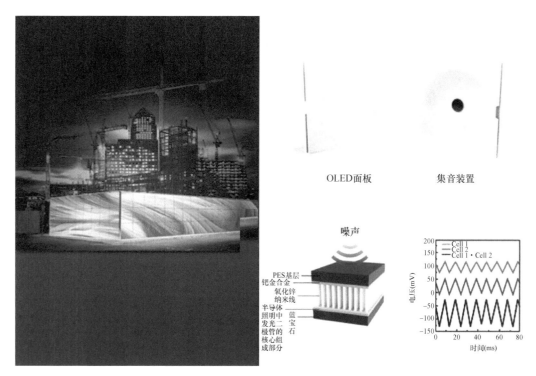

OLED面板　　　集音装置

噪声

PES基层
钯金合金
氧化锌
纳米线
半导体
照明中
发光二
极管的
核心组
成部分

蓝
宝
石

200
150
100
50
0
-50
-100
-150

Cell 1
Cell 2
Cell 1 · Cell 2

电压(mV)

0　20　40　60　80
时间(ms)

图 9-2 《*When Noise Is Good For Lights*!》设计图 2

音，即不需要的声音，统称为噪声。当噪声对人及周围环境造成不良影响时，就形成噪声污染，可降低人们工作效率甚至对健康造成严重损害。

形式美感：当前在生态公共艺术领域，人们对于噪声的重视程度还不够，很大程度上与噪声不可见，也难以表现有关，相比之下黑褐色的河流水体与枯萎的树木更适宜作为艺术表现的对象。这也是《*When Noise Is Good For Lights*!》这一方案的有趣之处。他们把噪声装扮成了多才多艺的"舞蹈家"。从设计图上看，他们使用特殊的吸音瓷砖吸收噪声，然后通过复杂的转化过程，所用材料有 ZnO NWs（氧化锌纳米线）Pd-Au（钯金合金）、Gan（半导体照明中发光二极管的核心组成部分）等完成这一转化过程，将噪声的能量转化为迷人的灯光，甚至像心电图一样将噪声的"心跳"如舞蹈一样展现在我们眼前。

由于作品属于未落成的设计方案，因此不分析其功能便利性和环境契合度，不过方案整体形式美感比较突出，特别是融入部分声光互动公共艺术的特点，在发光时效果更为优美。

教学范例意义：虽然方案并未落成，但随着相关技术的不断成熟，相信这一方案以及类似的实践会很快出现在现实生活当中，实现变害为宝的可贵进程，为解决噪声污染探索一条新路。就教学而言，该方案同样由年轻人完成，创意新奇，材料工艺虽然较为复杂，但成熟度高，生态属性直白易懂，特别是在生态属性和形式美感间取得的平衡，化害为利，变废为宝的创意尤其值得学习。

第二节
科技型生态公共艺术
设计训练案例解析

本节选取了五份各方面要素都比较完整的学生作品，进行比较充分的案例解析，通过生态属性、环境契合度、形式美感、功能便利性和图样表达五个分值点（各分值点满分为 10 分）进行评分，以便全面呈现教学训练成果。

案例 1：《虹之间》，天津大学建筑学院建筑学专业　李金宗，指导教师：王鹤（图 9-3和图 9-4）

设计周期： 7 周。

作品介绍： 设计选址在天津大学鹏翔学生公寓，作品利用压感发电的生态技术变废为宝，为大家提供了充电和休闲的场所，同时又具有观赏性和艺术主张。由于天津大学鹏翔公寓有一片区域闲置，作者在尽量减少施工的情况下，保留原有树种，打通流线，引入人流，协调设计。将常见的矿泉水瓶作为主要材料，结合彩色墨水营造出景观效果，并且利用压感发电技术设置了蓄电的地板，通过白天大量的人流量蓄电，实现夜晚为行人提供照明和充电的功能。设计贴合当下提倡的生态和循环利用的大潮流，富有创意、非常新颖。

生态属性： 8 分。随着信息技术的高速发展，学生的生活和电子产品的关系越来越紧密。作者设计的公共艺术作品解决了当下无法随时随地充电的现实问题，并且作者紧扣当下的主题，循环利用，变废为宝，将生活垃圾应用到设计中，既解决了生活垃圾的处理问题，又创造了观赏性作品。应用环保的生态技术，在保护环境的同时创造资源，为人们提供保护环境的途径和方法，呼吁大家爱护自己的家园。

环境契合度： 8 分。天津大学鹏翔公寓紧邻着食堂、浴室、快递存储处以及校医院，是人流量非常大的地方。但是鹏翔公寓中却有很多没有利用的废空间，并且未经任何的处理，外观上非常脏乱、庞杂。作者在此地设计这样的公共艺术作品，不仅为大家提供了休闲娱乐

设计说明：
　　方案利用特殊位置优势，通过空间设计引入大量人流，设置发电地板蓄电，可提供充电功能，也可在晚上为LED灯带供电，延长方案的可活动时间。材料上变废为材，利用注水矿泉水瓶与彩色墨水的结合，可以形成彩虹般的远观视觉效果与五彩水晶般的近看光影效果。

李金宗 3014206087
建筑学院 城乡规划
指导老师：王鹤

区位及现状

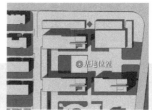

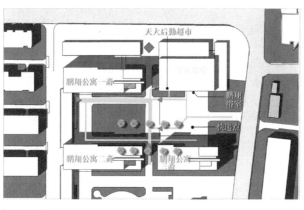

可利用优势

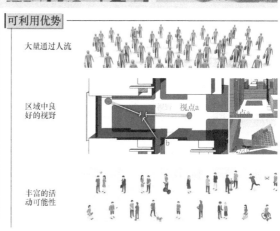

大量通过人流

区域中良好的视野

丰富的活动可能性

方案生成

打通流线
引入人流

避让树木
协调设计

空间划分
平面生成

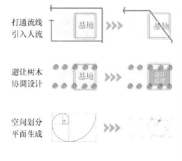

变废为材
加收利用

仿生纹理
阵列生成

结构解析

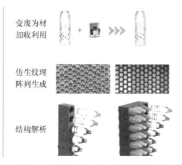

利用人流
压感发电

LED灯

wifi

手机充电

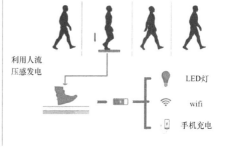

图9-3 《虹之间》1

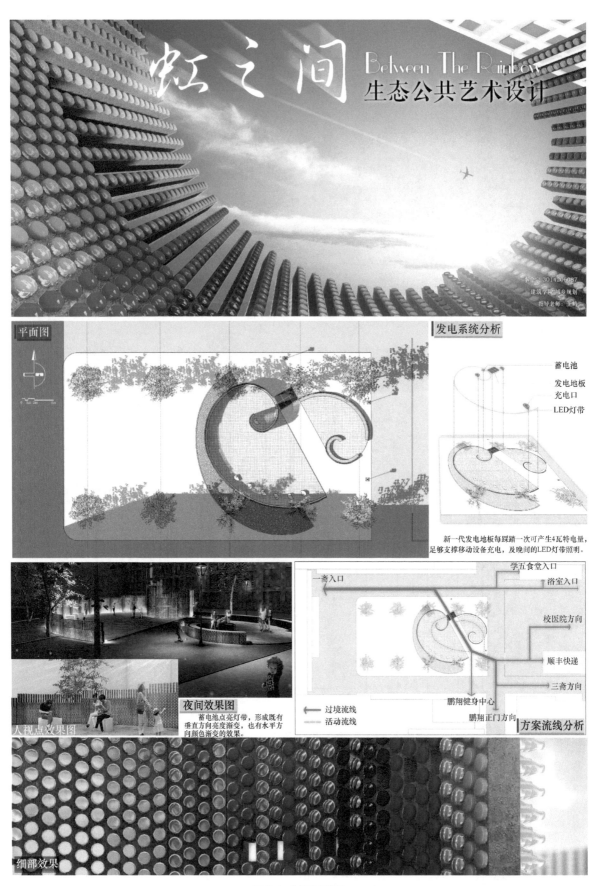

图 9-4 《虹之间》2

的场所，为学生提供充电和照明方便的同时，也成为鹏翔公寓的一种标识。

形式美感：7分。因为鹏翔公寓是学生公寓，并且其外观基本都是昏暗的色彩，作者采用五彩缤纷的颜色和流畅的曲线创造了吸引行人视线和充满趣味的空间。作品能快速地吸引学生的眼球，引导大家进入场地，达到压感发电的目的。同时在沉寂的环境中注入了新鲜的血液，让整个场地灵动了起来。

功能便利性：8分。作者在场地外围并没有选择特别高大的尺寸，而是选择用稍微低矮的围墙形式圈出了一片空地，在满足集散空间的同时，为学生提供休息的平台，还可以坐下来充电。在场地内部选择稍微高出一点的墙体营造出变化的空间，让行人可以体验到不同的视觉效果，并且统领整个场地，在视觉上形成变化。在压感发电和 LED 灯的结合下，夜晚的照明设施为行人提供方便，设计非常合理。

图样表达：9分。图样首先非常跳跃，能快速地吸引阅读者的视线，并且不会太过花哨。图样表达清晰、图面完整、一目了然，让阅读者快速了解设计意图。遗憾的是两张图样排版的风格和颜色稍微有些出入，让人感觉不太舒服。今后特别要注意排版的时候将两张图样一起调整，做到图面统一。

案例2：《漠上生命蕾丝》，天津大学建筑学院环境设计专业　陈静雅，指导教师：王鹤（图9-5和图9-6）

作品介绍：该方案选址位于我国青藏高原的若尔盖草原，采用类似蕾丝的形式固沙、吸收牛粪等有机物，还可进行草种播撒，实现草场生态治理和环境恢复，大部分互动都利用太阳能发电提供能源。

生态属性：8分。方案主要针对我国中西部草原生态环境脆弱，又在常年放牧下进一步加剧危机的实际情况开展设计。作者总结了过度放牧导致草场荒漠化和地下水干涸等生态环境遭受破坏的实际情况，利用能够固沙、吸收有机物、播撒草种绿化的"软性生态治理"，实现恢复草原生态环境的初衷，应当说是近年来生态公共艺术设计训练中颇具独特性，且实际功效最显著的一件作品，生态属性非常突出。

环境契合度：8分。作品针对特定沙漠环境开展设计，从形式上、功能上都与所在荒漠化草场环境紧密联系。作者还考虑了时间要素，设想了一年、两年以及更多年的发展情况，令人对作品的环境契合度印象深刻。

形式美感：8分。作品的主体由两个主要部分组成，其中主体固沙部分采用了颇具女性特点的蕾丝形式，表达出温柔和柔软的初衷，适合这一融合的主题。草种播撒球即使没有模仿蒲公英的造型，也带有模数化的特点，形式美感基本能够得到保障。

功能便利性：10分。该方案功能便利性突出，对于改善我国中西部草原荒漠化的现状有较大的现实意义。虽然在辅导时，指导教师也有过一定的思想斗争，因为虽然目前这样有

公共艺术设计——漠上生命蕾丝 1

建筑学院 环境设计专业 3015206128 陈静雅 指导老师：王鹤

区位分析图

若尔盖昌地处若尔盖草原腹地，海拔高，地势起伏不太大。这里临近三江源头，属于黄河上游源水资源主要提供地。

阿坝藏族羌族自治州地貌以高原和高山峡谷为主，拥有高原、山地、草原、沼泽等多种地形，居住人口以藏族为主。

场地位于若尔盖昌内麦溪草原近313国道段。该场地距离草原腹地较远。场地北部是一段丘陵地貌，附近有村庄。曾经是一块肥沃的夏季牧场，交通通达性好。

场地沙漠化现象较为严重呈现出斑块状沙漠的状态。如果不加以治理，很容易将沙区联结，从而真正引发沙漠化危机。

总平面图 比例尺 1:500 单位：mm

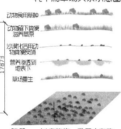

牦牛和草场关系示意图

平面图 比例尺 1:200 单位：mm

阶段一：过度放牧，滥开水沟造成夏季草场负担过重

阶段二：草场开始沙漠化，可供放牧的草场变少，草原生态遭到破坏

阶段三：地下水趋于干涸，草场变成沙漠，生态环境彻底破坏

阶段四：布置本公共艺术以后，从半沙漠半草原地带对沙漠进行软性生态治理

立面图 比例尺 1:200 单位：mm

阶段五：牛粪被初步吸收，下部生态艺术装置和草场融合后，可继续原有布置，形成一个有时间线的景观

剖面图 比例尺 1:200 单位：mm

预想草场变化图

阶段六：草场完全治理，剩余太阳能草种播撒装置在保证观赏性的同时，还具有一定的可持续生态保护性

图 9-5 《漠上生命蕾丝》1

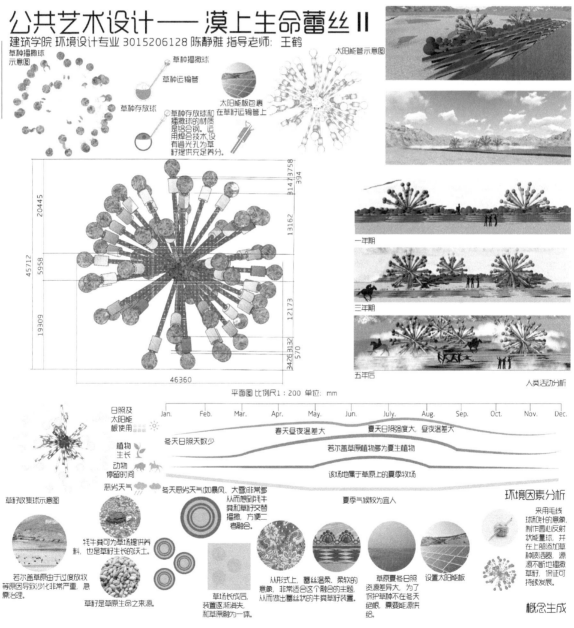

图9-6 《漠上生命蕾丝》2

较为突出实际功能的公共艺术在建设上有很大意义，但也会面临一系列问题，比如资金投入、绩效衡量、后期维护、推广宣传，但总体而言，这代表一个发展的重要方向。

图样表达：9分。该方案图样表达内容完整、信息标注清晰，对草种播撒球等细节有较详细的描述，对于作品落成后不同年份的效果也有乐观预期，完全实现了设计初衷，达到了较高的水平。

案例3：《环保袋售卖机》，天津大学管理与经济学部工程管理专业　张恬，指导教师：王鹤（图9-7和图9-8）

设计周期：3周。

作品介绍：作者的意图是塑造纸袋（或者布袋）形状的环保袋售卖机，旁边是几何体的塑料袋回收箱。环保袋售卖机设置在商场，契合商场环境的生态主题。该方案有几个独特之处，第一是它的作者是一位来自工程管理这样一个传统上更接近文科专业的学生；第二是作者没有使用相对容易掌握的SU，而是选择了更为复杂的Rhino去建模，指导教师提供了大量相关教程和素材，但中间依然付出了很多辛苦，最终效果也比较理想。最后，作品选择

图9-7　《环保袋售卖机》1

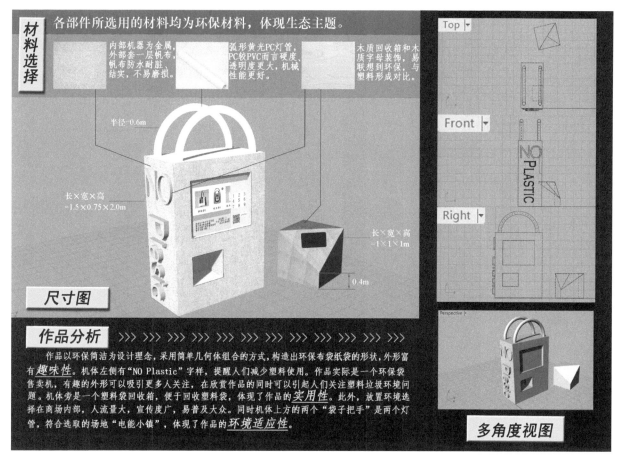

材料选择

各部件所选用的材料均为环保材料，体现生态主题。

内部机器为金属，外部套一层帆布，帆布防水耐脏、结实，不易磨损。

弧形黄光PC灯管，PC较PVC而言硬度、透明度更大，机械性能更好。

木质回收箱和木质字母装饰，易联想到环保，与塑料形成对比。

半径=0.6m

长×宽×高=1.5×0.75×2.0m

长×宽×高=1×1×1m

0.4m

尺寸图

Top

Front

NO PLASTIC

Right

Perspective

作品分析 >>> >>> >>> >>> >>> >>> >>> >>> >>> >>> >>>

　　作品以环保简洁为设计理念，采用简单几何体组合的方式，构造出环保布袋纸袋的形状，外形富有*趣味性*。机体左侧有"NO Plastic"字样，提醒人们减少塑料使用。作品实际是一个环保袋售卖机，有趣的外形可以吸引更多人关注，在欣赏作品的同时可以引起人们关注塑料垃圾环境问题。机体旁是一个塑料袋回收箱，便于回收塑料袋，体现了作品的*实用性*。此外，放置环境选择在商场内部，人流量大，宣传度广，易普及大众。同时机体上方的两个"袋子把手"是两个灯管，符合选取的场地"电能小镇"，体现了作品的*环境适应性*。

多角度视图

图9-8　《环保袋售卖机》2

了室内环境，也是历年作业中比较少的。

生态属性：8分。近年来塑料污染逐渐成为生态环保中的突出问题，塑料袋难于降解，造成严重的土壤污染，燃烧会产生大量二噁英等有害物质，同时动物吞食也会造成严重后果。不过限于多方面因素，塑料袋在购物中依然发挥着重要作用，国内外不同城市推动的"限塑令"很多时候起不到应有的成效。作者以此为灵感，利用现成品设计原则，综合设计了环保袋形状的环保袋售卖机和搭配运用的塑料袋回收箱，形式新颖，兼具发光照明和环保宣传的功能，而且塑料袋回收箱本身也是木质的可持续利用材料，更充分实现了生态属性。

环境契合度：8分。该方案从设计伊始就针对现有环境展开。作者综合考虑越是商场内部，人流越密集，宣传力度越大，同时作品也能更好地接纳大量产生的塑料垃圾。作者在设计之初进行了充分的实地调研，在设计中灵活运用课堂讲授内容：商场、步行街公共艺术设计需要具有商业气息且不妨碍交通流线等原则。最终使作品达到了理想的效果。

形式美感：7分。现成品公共艺术的形式美感基于所运用的工业现成品产生，一般比较容易达到要求。该方案对建模技巧掌握相对熟练，对作品的比例、材质表现得当，形式美感达到要求。

功能便利性：9分。功能便利性是这件作品的设计出发点之一，环保袋的售卖和塑料袋的回收功能便利性突出，人体工程学考虑下的高度、色泽等因素也比较合理。当然环保袋售卖比较依赖消费者的自觉，如果能结合一些趣味性或艺术性因素效果会更理想，当然也会造成作品复杂性上升的弊端。

图样表达：9分。对于第一次接触排版的同学而言，方案的整体视觉效果比较突出。特别是 Rhino 建模带来了规整的外形与较好的渲染效果。排版上尺寸得当、细节丰富、设计说明基本合理。指导教师对第一版给出的意见是：第一张可以调整一下，首先是效果图中售卖机的透视不太准确，其次是灵感来源可以用更客观理性的话语表述，再次是基地分析也可以宽泛一些，比如类似商场等人流密集的地区都可以。经过修改，最终图样视觉效果和信息传达水平都比较理想，充分实现课程训练效果。

案例4：《北洋音乐净水水母》，天津大学管理与经济学部信息管理与信息系统专业　龙云，指导教师：王鹤（图9-9和图9-10）

作品介绍：该方案由来自天津大学管理与经济学部的学生完成，作者由对艺术设计完全不了解的状态，逐渐将其作品深化到一个工作量充足、生态属性突出的公共艺术设计方案，可谓进步颇大。方案利用大量阵列装置，从自然界寻求灵感，模仿水母净化功能，实现自身生态主张，具有鲜明的特色。

生态属性：8分。在第一稿中，作者设想得比较直接，利用水母实体进行环氧树脂固化，达到净化和照明的目的。虽然作者对具体细节做了较充分的调研，但直接利用水母，操作性似乎不强，甚至也不够人道，应当利用环氧树脂等工业化材料并借鉴水母的机制，直接用科技手段和现代材料模仿其净水机制创作作品。作者根据上述意见进行修改，取得较为满意的成果。

环境契合度：8分。方案选址天津大学青年湖大学生活动中心附近，与音乐主题结合较紧密，作品由35个个体组成的阵列排成天津大学的原名"北洋"，环境契合度非常理想。

形式美感：6分。作品单一个体形式美感并不突出，但组合起来更为活跃。另外，可变的色彩也为形式美感增色不少。不足之处在于没有交代作品如何安装，仅仅漂浮在水面显然是不够的。另外，相对于湖面的尺寸，作品似乎过大，不但增加了建造成本，与湖面也不协调。在课程训练中反复强调尺寸感的把握，这一案例可以说是没有注重尺寸感的典型。

功能便利性：6分。作者第一版设计方案就基本已经确定了如何利用阵列的形式，如何净化柳絮等物质，特别有趣的一点是利用水母体内特有的发光物质与净化机制来固化柳絮结构，达到净化水体的目的。方案功能性其实可以进一步提升为整体净化水质。

图样表达：7分。作者在第一版排版的基础上调整了底色和字号，增加了图的数量，丰富了图样的类型，总体达到非艺术专业学生中较高的排版水平，达到了训练目的。

课程：设计与人文——当代公共艺术　作品：北洋音乐净水水母

作者：管理与经济学部　龙云　学号：3017209070　指导教师：王鹤

一、灵感来源

　　每到春天，青年湖附近柳絮特别多，青年湖的湖水上面也都是柳絮，本作品旨在解决这一问题，并且和周围环境以及**大学生活动中心**的氛围相符合。**北洋音乐净水水母**既可以**净水**，又可以跟着音乐的变化变换颜色，给人**听觉**和**视觉**的享受，符合当今生态主题。

2小时前

46分钟前　　删除

二、设计尺寸

单个尺寸

0.90m×0.95m

四、发光原理

　　水母本身颜色多样，可通过现代化科技手段用树脂等材料模仿水母的**发光机制**，制作出能够在夜间发光的灯具。不同种类的水母颜色各不相同，水母彩灯也是基于水母**颜色的多样性**特点制作的。彩灯制作起来很简单，从水母体内提取特殊的蛋白质和"水母"主体混合在一起，放置于**液态氮**的环境中冷冻定型，之后用**环氧树脂**在水母周围包裹一圈，这种结晶状的树脂材料十分特殊，可以保持颜色鲜艳，也具有**抗摔打**的特性。另外，根据水母本身的颜色，可在**环氧树脂**上涂上色彩亮丽的颜色，白天看上去十分漂亮。这种彩灯不需要特别充电，因为加入了水母体内本身具有的**特殊的蛋白质**，这种蛋白质有**吸光性**，白天放置在光照中"水母"会自动积聚光照，待晚上**夜幕降临**"水母"就开始发光。

三、净水原理

　　水母进食多由口经垂唇进入中央的**胃腔**，胃腔向外延伸形成4个**胃囊**，胃囊之间有**隔板**，隔板上有小孔，可使胃囊之间互相沟通以帮助液体的**循环流动**。隔板上有隔板肌，内缘有内胚层起源的胃丝，其上含有许多刺细胞及腺细胞，可以固定及杀死进入胃腔内的食物。模拟水母的**消化系统**，通过类似胃囊、隔板等结构，让其可以固定水中柳絮等杂质，通过一些**化学物质**的使用和水的自净功能，达到**净水**目的。

胃腔
触手
口腕
口

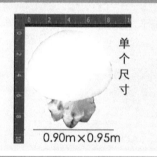

图9-9 《北洋音乐净水水母》1

161

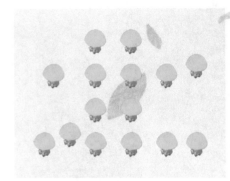

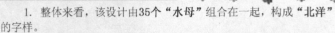

五、设计说明

1. 整体来看，该设计由35个"水母"组合在一起，构成"北洋"的字样。

2. "水母"利用**仿生**技术，模仿水母的**消化原理**，达到**净水**的目的。

3. 在夜晚，伴随着大学生活动中心的音乐，"水母"会变换不同的**颜色**，色彩斑斓，给人以美的享受。

4. 天津大学原名北洋大学，"**北洋**"二字符合学校环境。"水母"可以伴随音乐变换颜色，符合大学生活动中心的环境氛围。

5. 整个设计几乎不需要外界能源，而且还能净水，符合**生态**的主题。

七、基地分析

天津大学青年湖是天津大学卫津路校区内占地面积**最大**的湖、附近有大学生活动中心、天津大学体育场等，符合整个**设计主题**。整个湖面积大约5000㎡，周围树木较多，且多为柳树。在春天柳絮纷飞的季节，**净水**是很有必要的。

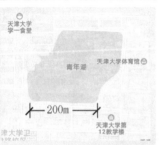

六、预期效果

用一件公共艺术作品净化青年湖的水，同时激发同学们对**仿生、科技创新**的兴趣，引发同学们对周边**环境**和**生态**等问题的思考，同时带来视觉和听觉的享受，让同学门**放松心情**。《**北洋音乐净水水母**》将成为**天津大学**的标志性公共艺术作品，对提高学校环境氛围，提高知名度有一定影响。

预期效果——白天北洋蓝效果图

预期效果——夜晚伴随音乐发光效果图

图9-10 《北洋音乐净水水母》2

案例 5：《文明的保护伞》，天津大学建筑学院建筑学专业 张涵，指导教师：王鹤（图 9-11 和图 9-12）

作品介绍：该方案从伞的保护功能入手，直面当前中东气候恶劣、战乱频仍的局面，以解决当地民众的生活保障和生命存续问题为目标，借助生态公共艺术的设计要点，将太阳能发电、雨水采集等设计方法加以集成，使这一装置具备防护袭击、通信、饮水、遮阳等多方面功能。

生态属性：9 分。在基本功能提供外，方案还超越了单纯生态公共艺术作业关注身边环境的视野，胸怀全人类，体现出广阔的国际视野和深厚的人文关怀，是体现课程教学成果的优秀案例。

环境契合度：9 分。方案环境适应性强，特别适合布置在基础设施不足的地区，因为近年来的实践已经证实一个悖论，越是不发达、沙漠面积大的地区对这样的高科技艺术化设施需求越大，但越难以提供相应的资金，这就要求作品自给自足，实用性强，易于维护。

图 9-11 《文明的保护伞》1

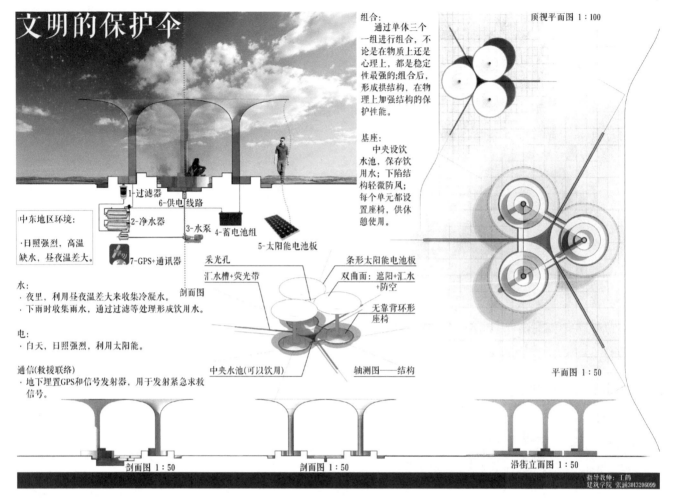

图 9-12 《文明的保护伞》2

形式美感：8分。作品的重点不在于形式美感营造，但也具有简洁的工业美感，特别是独特的伞形结构，既能够收集雨水，还能够利用沙漠地形气候昼夜温差大的特点收集冷凝水，过滤处理后的冷凝水可以给避难民众使用。

功能便利性：9分。方案重在功能。除去遮阳、乘坐、休息等传统功能外，还集成了诸多新功能。其中太阳能电池板是成熟技术，可以为设备自身照明及运转提供电能；通信设施可以帮助避难民众联络外界及定位自身。整体设计技术成熟，便于制造、安装，普及难度小，前景广阔。

图样表达：9分。效果图视觉感厚重，图样表达细节完整清晰，很好地实现了设计意图。

第三节
科技型生态公共艺术
设计训练要点及示例

在介绍了完整且综合水平较高的训练案例后，还有必要通过部分优点和缺点兼具的学生作品来指出训练中易犯的错误，以提升教学效果。因此，在这里呈现五份作品，在介绍方案并肯定优点的同时，重点指出不足之处，以便为后来参与生态公共艺术设计训练的学生提供警醒与帮助。

案例 1：《守望》，天津大学建筑学院建筑学专业　刘浩月，指导教师：王鹤（图 9-13）

优点： 该作品在构图上虽然显得简单，但实际上相当有特点。利用水禽形式，构建水质监测装置。作者将水质监测数据通过装置的三种动态直观显现，表面确定是反光金属材质，并添加了水质监测的说明文字。作品与水底的连接方式，增加了小节点图来说明。整体效果比较完整，基本实现设计初衷。

不足之处： 首先是效果图对表面肌理的塑造不够理想，这与建模技术有关，但也和对材料理解不到位有关。另外，对于连接结构的掌握还不够到位，对材料与工艺的理解不到位，从而影响整体效果。

案例 2：《岛群》，天津大学建筑学院建筑学专业　李远杭，指导教师：王鹤（图 9-14）

优点： 该方案灵感来源于睡莲和露珠。最大的优点是进行了较充分的文献研究，提出利用现在已经较为成熟的水处理生物膜载体吊挂在结构下，达到通过截污来净化水质的目的。作者对彩色透水混凝土的运用也较为成熟，基地调研也较为充分，这都是作品的成功之处。

不足之处： 首先是形式感简单，相对初级的建模更弱化了作品的形式美感，从而降低了作品作为公共艺术的形式感与艺术性，没有形式也就无法承载有效的内容，这就与传统设施没有太大区别，训练效果会大打折扣。

图 9-13 《守望》

案例 3：《旋转的风帆》，天津大学建筑学院环境设计专业　巩海婷，指导教师：王鹤
（图 9-15）

优点： 该方案是针对天津滨海新区极地海洋世界周边地块展开的公共艺术化改造，作者从海浪形态入手，基于展览牌的功能进行初步设计。在不断改进中，增添部分能动叶面，既活跃了气氛，又为整体展牌提供了照明所需电力，还保持了整体形态的完整，成功体现海洋、生态、科技的设计主张。

不足之处： 没有考虑色彩搭配，形式感略显平淡。同时，应当用水体或其他手段与游客保持适当距离以提升安全性。

岛群

姓名：李远杭
学院：建筑学院
专业：建筑学
学号：3017206058
指导老师：王鹤

设计概念

灵感来源于睡莲和露珠。睡莲平整地横卧在水面上的形态，以及其平面上可以承载物体的特性启发了作者将近水平台设计成这种形态。并且参考露珠的聚散关系形成了多种不同大小的圆形平台的组合方式。同时贴合生态的主题，在贴近水面的几个平台的底面装设了使用纤维生物膜载体为材料的浮网，可以通过促进微生物的活动净化水质，维护成本低，装设简单，且不影响美观。

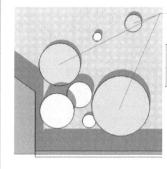
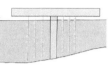

装配方式

通过吊挂的方式将条状缠绕的水处理生物膜载体固定在平台下

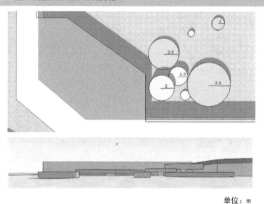

单位：m

材料信息：

水处理生物膜载体是应用于城市污水和工业废水的二级生物处理中生物膜法的生物细胞及酶固定过程中所需要的介质。生物膜载体本身不参与水处理生化反应，只是通过增大比表面积，提高孔隙率，进一步改善水力条件，加大水力停留时间、截污能力和营养物质供应，最终提高微生物增殖和水处理能力。纤维生物膜载体是经过特殊处理的合成纤维，质轻、强度大。它的表面积与其他载体相比大大增加，提高了孔隙率，纤维的直径在几纳米左右，而且截污能力强，对微生物的增殖无抑制作用，同时还可避免纤维结团堵塞。

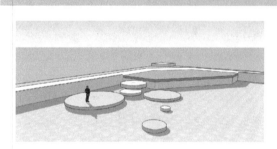

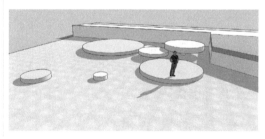

颜色：　　　　　　　　材料：彩色透水混凝土、钢管

材料介绍：

彩色透水混凝土是一种有各种颜色的混凝土，用于装饰美观。透水混凝土拥有15%~25%的孔隙，能够使透水速度达到31~52L/m/h，远远高于最有效的降雨在最优秀的排水配置下的排出速度。经国家检测机关鉴定，透水混凝土的承载力完全能够达到C20和C25混凝土的承载标准，高于一般透水砖的承载力。

场地分析：

位于天津大学青年湖的东北侧观景平台处。

场地较为开阔，植被茂盛，人流较多。场地内多有校内学生和校外人员在此驻足休憩。因此，增加此处的相关设施，设置公共艺术品是合理的。

值得注意的是，此处的观景平台高出水面1.6m左右，这样人和湖本身的亲近感就没有体现，所以才会想要在此处设置近水平台来加以改善。

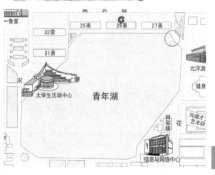

图9-14　《岛群》

分区介绍　旋转的风帆——展览走廊区

说明：

展览走廊区位于整个场地的中部，展览区的重点是建筑道路周边栏杆的改造。改造主要分为两个部分：第一部分是可以提供展览的景墙，可以在上面展出与海洋相关的作品或海洋科普常识，为人们从此地路过时提供一些乐趣。第二部分是可旋转的围栏，因滨海新区场地的特殊性，这里常年风力较强，为利用这一点进行了可以被风力所带动的设计。在获得趣味和观赏性的同时，作品也为展览景墙提供了照明所需的电力，形成良性循环，也符合设计之初"海洋·科技·生态"的概念。

展览区的公共艺术设计造型源于海浪与船桨，船桨获取动力从而在海浪中前行，也是对整个场地主题的体现。

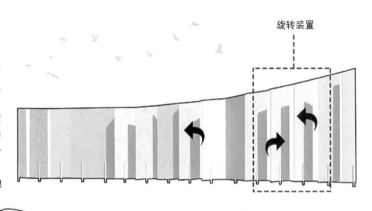

图 9-15 《旋转的风帆》

案例 4：《风动公共艺术》，天津大学建筑学院环境设计专业　李金世，指导教师：王鹤（图 9-16）

优点： 该作品位于滨海新区的地块，主题上注重表达科技感。作品以曲线构成为设计方法，注重疏密分布和高低错落的形式美感营造。作品自重轻、强度高，可在滨海地区较强的风力作用下旋转，不但为所在的环境增添了动感活力，还可为自身在夜间照明提供能源。充分实现设计目的，成功突出生态属性。

不足之处： 形体较为单薄，色彩上虽力求科技感，但略显单调。

案例 5：《空气辨识云》，天津大学法学院法学专业　庞缊含，指导教师：王鹤（图 9-17）

优点： 该方案具有科技型公共艺术的大部分显著特点，比如采用可便于融入环境的造型，结合空气质量显示装置，帮助人们了解空气污染情况，从而做出更有利于健康的决策。

风能广场

设计说明：

  利用铝合金材料制成的城市公共艺术作品，在风中自由旋转，可以产生声音效果。同时通过风能发电，供给LED夜景照明，吸引路人驻足。为了与自由旋转的功能相匹配，作者没有采用折线的主题，而是采取了曲线造型，其设计灵感来自于"风"的意向的具象化。

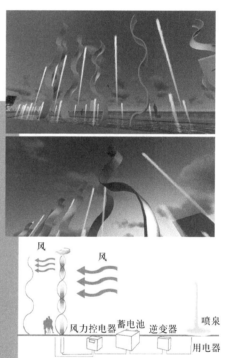

图9-16 《风动公共艺术》

作品可实现度高，还具有休息、遮阳功能，但更突出的优点在于作者跨学科的背景，取得如此成果更显得殊为不易。

  不足之处：比如云朵造型与下部木桩形式的结合是否生硬，这是否是一种便于量产的设施，或是单一的艺术品，需要进一步深入。还有一点关乎作品的监测机制，作者并没有交代如何安装监测装置，事实上大多数相关艺术装置都是依靠互联网技术接受相关检测机构权威数据后显示的，如果单纯显示作品周边空气质量，准确度不高，意义也不大。不过从作品要放置的环境和承载的主要功能来看，其相对简单的形式和显示机制都具有易于普及的优势。

空气辨识云

法学乙班 庞蕴含 3017230042 指导老师 王鹤

灵感来源

现如今雾霾天气给人们带来的影响波及全国较多地区，恶劣的天气状况导致呼吸道疾病频发，人们都迫切想要知道自己所在的地区的空气质量。

这样一个云朵可以放在小区内人们的必经之路上，人们可以根据云朵的颜色来分辨实时的空气质量。

该作品下部由类似于木桩子的多根柱子倾斜摆放，同时可设座椅，供行人休息。上部的云朵在摆台上十分平稳，同时作品的尺寸也与周围的树木相匹配，附近住户甚至可以在家里观测天气质量。

这样的一个公共艺术作品可以使住户对小区的空气质量了如指掌，方便了住户，也美化了环境。

蓝色的云朵代表空气质量好

灰色的云朵代表空气质量一般

红色的云朵代表空气质量差

实例1：

实例2：

设计说明：

名称：空气辨识云

云朵：长1000mm，宽400mm，高500mm。

面板：长1800mm，宽1800mm，高150mm。

支柱：半径300mm，宽2200mm。

基地分析：

公共艺术放置在小区的必经之路，容易被大家看到，周围是开阔的土地，使得公共艺术作品极易被住户看到，得以完成其功能。

北京的气候：

温带大陆性气候，下部的柱子采用木材，木材不易腐蚀。

图9-17 《空气辨识云》

小　结

通过这一章科技型生态公共艺术设计专题训练的案例点评可以看出，相对于警示型公共艺术作品来说，不同专业的学生对这一章的练习掌握效果更好，这与年轻学子头脑敏锐、兴趣广泛有直接关系。不足之处则在于对艺术和功能之间的平衡把握不够理想，部分作品对于运行和维护等问题考虑不足，这并不是对技术理解不足导致的，而是对全寿命期理论的学习不够深入的结果，需要在今后训练中加以注意。

后　记

每一名教师都有专属于自己的喜悦。2013 年起开设的"设计与人文——当代公共艺术"课程已经运行了六年，期间经历了一系列转折点：2013—2018 年间，我的 5 部配套教材相继出版；2015 年，超星尔雅录制了该课程，并于 2017 年 3 月上线；2016 年，该课程获"天津大学青年教师讲课大赛"一等奖；2017 年，该课程获"天津大学教学成果"二等奖。2018 年 7 月对我来说则是另一个重大的转折点，在完成一系列紧张繁忙的课程设计、录制和剪辑工作后，与智慧树平台合作的"全球公共艺术设计前沿"在中国大学 MOOC 和智慧树平台同步上线。上线后的两个学期内，每个学期各有 6000 余名学生在线选课学习。混合式学习带来了很多新的改变、新的喜悦，同时也是新的挑战。

我把这两门课程比作"亲兄弟"。"设计与人文——当代公共艺术"是"大哥"，显得更沉稳，在教学中更注重用经典案例来阐释原理，更注重循序渐进，甚至于手把手来帮助不同专业的学生掌握公共艺术设计的精髓，体味其中乐趣。而"全球公共艺术设计前沿"是"小弟"，显得更新锐一些。国家社科基金后期资助项目成果的"身份"使其多了几分傲气，绝大部分案例为 2010 年后的作品，更带有年轻人思维活跃、行事前卫的特点。但"他"还缺乏经验，全新的课程设计能在多大程度上得到学习者的认可，还需要时间的检验。

《生态公共艺术》是"两兄弟"第一次"携手合作"的成果。"设计与人文——当代公共艺术"提供了所有的训练方案、解析与点评。这部分内容来自 2017—2019 两个学年布置的生态公共艺术设计课题。"全球公共艺术设计前沿"则提供了较新颖的知识内容。两门课程对生态公共艺术设计与教学的最新体会也都凝聚在本书中，使本书具有不同于以往的意义。

在此，特别感谢天津大学教务处对教师教学创新的大力支持，无论是教材出版的专项资助还是天津大学在线开放课程的推出，都激励着我不断进取、努力。感谢智慧树网天大课栈魏秀东顾问与全体成员的帮助。感谢我的家人一如既往的鼓励与分担。感谢2017—2019两个学年学习该课程的学子，没有他们的天资与勤奋，无论怎样新颖的教学设计，都无法转化为沉甸甸的成果。我的第一届研究生张研为教材成书做了很多工作，在此一并感谢。

　　在多年来出版的十几部著作中，这可能是写得最长的一篇后记，只因看到自己的课程日渐成熟，看到自己的学生有所收获，我更希望将自己作为教师的这份喜悦与大家分享。相信这本书能够为大家所喜欢。

王　鹤

2019年6月6日于天津大学

参 考 文 献

[1] 王强. 略论公共艺术教学的价值观 [J]. 雕塑, 2006（3）: 40.

[2] H.H. 阿纳森. 西方现代艺术史 [M]. 邹德侬, 巴竹师, 刘珽, 译. 天津: 天津人民美术出版社, 2003.

[3] 樋口正一郎. 世界城市环境雕塑·美国卷 [M]. 李东, 译. 北京: 中国建筑工业出版社, 1997.

[4] 田云庆. 室外环境设计基础 [M]. 上海: 上海人民美术出版社, 2007.

[5] 阿诺德·豪泽尔. 艺术社会学 [M]. 居延安, 译. 上海: 学林出版社, 1987.

[6] 凌敏. 透视当今美国公共艺术的五大特点 [J]. 装饰, 2013（9）: 29-33.

[7] 刘中华, 周娴, 汪大伟. "跨领域"的公共艺术——汪大伟教授访谈录 [J]. 创意设计源, 2016（2）: 4-9.

[8] 刘成纪. 美的悖论与公共艺术的审美质量——现代城市公共艺术中美的位置系列谈之二 [N]. 中国艺术报, 2011-
      04-18（8）.

[9] 彭修银, 张子程. 人类命运的终极关怀——论当代马克思主义生态美学建构的人文学意义 [J]. 江汉论坛, 2008
      （5）: 96-100.

[10] 彭修银, 侯平川. 马克思主义生态美学建构中的中国传统文化资源 [J]. 中南民族大学学报（人文社会科学版）,
      2010, 30（6）: 127-131.

[11] 竹田直树. 世界城市环境雕塑·日本卷 [M]. 北京: 中国建筑工业出版社, 1997.

[12] 孙振华. 公共艺术时代 [M]. 南京: 江苏美术出版社, 2003.

[13] 鲁道夫·阿恩海姆. 艺术与视知觉 [M]. 滕守尧, 朱疆源, 译. 成都: 四川人民出版社, 1998.

[14] 李娟. 数字媒体时代广告创意与公共艺术的交叉融合 [J]. 广州大学学报（社会科学版）, 2014（8）: 71-75.

[15] 陈绳正. 城市雕塑艺术 [M]. 沈阳: 辽宁美术出版社, 1998.

[16] 吴良镛. 人居环境科学发展趋势论 [J]. 城市与区域规划研究, 2010（3）: 1-14.

[17] 王鹤. 基于中国国情的公共艺术建设及管理策略研究 [J]. 理论与现代化, 2012（2）: 19-22.

[18] 王鹤. 街头游击——公共艺术设计专辑 [M]. 天津: 天津大学出版社, 2011.

[19] 王鹤. 公共艺术创意设计 [M]. 天津: 天津大学出版社, 2013.

[20] 王鹤. 设计与人文——当代公共艺术 [M]. 天津: 天津大学出版社, 2014.

[21] 王鹤, 闫建斌. 装饰雕塑 [M]. 北京: 人民邮电出版社, 2016.

[22] 王鹤. 界缘推移: 天津大学、南开大学非艺术专业本科生公共艺术设计 50 例 [M]. 天津: 天津大学出版社,
      2016.